高等学校教材
基础化学实验系列教材
邵荣　总主编

Physical chemistry experiment

物理化学实验

杨春红　严新　主编

化学工业出版社
·北京·

内容简介

本书是基于物理化学理论课的内容,参考了化学学科的发展趋势,同时根据作者多年来的教学实践,综合了物理化学实验的重要方法和技术编写而成的,全书含 30 个实验、相关的仪器介绍和涉及的实验技术描述,编写时力求深入浅出,简明易懂,且重点突出。实验分为基础实验和研究性综合实验,具有创新性和可操作性,能够满足不同层次学生的要求,书后附有各类物理化学实验参考数据。

本书不仅可作为高等院校理工类专业化学基础课程的教材,也可供其他相关专业人员参考使用。

图书在版编目（CIP）数据

物理化学实验/杨春红,严新主编 . —北京：化学工业出版社,2023.5（2024.8重印）
ISBN 978-7-122-43550-7

Ⅰ.①物… Ⅱ.①杨…②严… Ⅲ.①物理化学-化学实验 Ⅳ.①O64-33

中国国家版本馆CIP数据核字（2023）第092986号

责任编辑：李　琰　宋林青　　　　　　　　　装帧设计：韩　飞
责任校对：边　涛

出版发行：化学工业出版社（北京市东城区青年湖南街13号　邮政编码100011）
印　　装：北京科印技术咨询服务有限公司数码印刷分部
787mm×1092mm　1/16　印张 9½　字数 233 千字　2024 年 8 月北京第 1 版第 2 次印刷

购书咨询：010-64518888　　　　　　　　售后服务：010-64518899
网　　址：http://www.cip.com.cn
凡购买本书,如有缺损质量问题,本社销售中心负责调换。

定　　价：28.00元　　　　　　　　　　　　　　　　　　　　版权所有　违者必究

高等学校教材
基础化学实验系列教材编委会

总 主 编 邵　荣

副总主编 冒爱荣　吴俊方

编　　委（以姓名拼音为序）

曹淑红　曹文辉　冒爱荣　邵　荣

孙明珠　王玉琴　吴俊方　吴玉芹

严　新　杨春红　姚　瑶

《物理化学实验》编写组

主　编 杨春红　严　新

副主编 孙明珠　褚玉婷　曹文辉

前 言

物理化学实验是化工类、近化工类学生的专业基础课之一，本书的编者长期从事物理化学实验课程和理论课程的教学，根据多年的教学经验和实践体会，结合化学学科的发展，以及当前理工科物理化学实验的教学实际，编写时以理工科应用型人才的培养为定位，着重考虑了以下几点。

（1）注重基础。物理化学实验的目的是使学生系统掌握基本的物理化学实验研究方法和基本技术，形成基本的实验技能，加深学生对物理化学、结构化学原理的理解。最基础的方法和技术往往是最经典的、经过反复论证而来的，而创新，要建立在基础之上。

（2）内容丰富。在实验内容的安排上，一方面紧扣知识点，另一方面，与实际生产、科技前沿相结合。编写时注意扩展知识的范围，注重内容的丰富性和开放性，体现时代感。阐述实验原理时注意体现知识形成的过程，体现物理化学的思考方法，具有启发性和探索性，留给学生更多的思考空间。

（3）培养能力。实验分为基础实验和研究性综合实验，学生在做好基础性实验之余，可在教师的指导下，参考研究性综合实验项目，或自主探索，或与同伴进行讨论交流，在主动的、互相启发的学习活动中，获得知识，发展能力，逐步形成实验研究能力和创新的意识。

全书共4章，具体编写分工如下：本书由杨春红、严新主编，孙明珠、褚玉婷、曹文辉任副主编，第1、2章以及第4章的实验1、2、7、14、29和30由严新编写，第3章和第4章的实验4、5、6、10、12、13、15、17、18、19、21、22、23、24、25、26、27、28和附录由杨春红编写，第4章的实验3、11、16和20由孙明珠编写，第4章的实验8和9由褚玉婷编写。在编写过程中得到了曹文辉老师的指导和解惑。

由于时间仓促，编者水平有限，书中难免有疏漏之处，希望广大读者不吝赐教。

编者
2022年9月

目 录

第1章 物理化学实验基本知识

1.1 开设物理化学实验课程的目的 ⋯⋯⋯⋯⋯⋯⋯⋯⋯⋯⋯⋯ 1
1.2 物理化学实验课程的学习方法 ⋯⋯⋯⋯⋯⋯⋯⋯⋯⋯⋯⋯ 2
1.3 物理化学实验室安全知识 ⋯⋯⋯⋯⋯⋯⋯⋯⋯⋯⋯⋯⋯⋯ 3

第2章 实验中的误差与数据处理

2.1 误差 ⋯⋯⋯⋯⋯⋯⋯⋯⋯⋯⋯⋯⋯⋯⋯⋯⋯⋯⋯⋯⋯⋯⋯ 7
2.2 误差的表示方法 ⋯⋯⋯⋯⋯⋯⋯⋯⋯⋯⋯⋯⋯⋯⋯⋯⋯⋯ 9
2.3 实验数据处理 ⋯⋯⋯⋯⋯⋯⋯⋯⋯⋯⋯⋯⋯⋯⋯⋯⋯⋯⋯ 14

第3章 测量技术与仪器

3.1 热化学测量技术与仪器 ⋯⋯⋯⋯⋯⋯⋯⋯⋯⋯⋯⋯⋯⋯⋯ 21
3.2 压力测量技术与仪器 ⋯⋯⋯⋯⋯⋯⋯⋯⋯⋯⋯⋯⋯⋯⋯⋯ 31
3.3 电化学测量技术与仪器 ⋯⋯⋯⋯⋯⋯⋯⋯⋯⋯⋯⋯⋯⋯⋯ 37
3.4 光学测量技术与仪器 ⋯⋯⋯⋯⋯⋯⋯⋯⋯⋯⋯⋯⋯⋯⋯⋯ 46

第4章 实验部分

4.1 化学热力学基础实验 ⋯⋯⋯⋯⋯⋯⋯⋯⋯⋯⋯⋯⋯⋯⋯⋯ 56
  实验1 恒温槽的装配与性能测试 ⋯⋯⋯⋯⋯⋯⋯⋯⋯⋯ 56
  实验2 凝固点降低法测定摩尔质量 ⋯⋯⋯⋯⋯⋯⋯⋯⋯ 60
  实验3 燃烧热的测定 ⋯⋯⋯⋯⋯⋯⋯⋯⋯⋯⋯⋯⋯⋯⋯ 63
  实验4 溶解热的测定 ⋯⋯⋯⋯⋯⋯⋯⋯⋯⋯⋯⋯⋯⋯⋯ 66
  实验5 液体饱和蒸气压的测定 ⋯⋯⋯⋯⋯⋯⋯⋯⋯⋯⋯ 70
  实验6 二元液系的气液平衡相图 ⋯⋯⋯⋯⋯⋯⋯⋯⋯⋯ 73
  实验7 二组分金属固-液平衡相图 ⋯⋯⋯⋯⋯⋯⋯⋯⋯⋯ 75
  实验8 三组分体系等温相图的绘制 ⋯⋯⋯⋯⋯⋯⋯⋯⋯ 78
  实验9 氨基甲酸铵分解反应平衡常数的测定 ⋯⋯⋯⋯⋯ 80
  实验10 差热分析 ⋯⋯⋯⋯⋯⋯⋯⋯⋯⋯⋯⋯⋯⋯⋯⋯⋯ 83
4.2 电化学基础实验 ⋯⋯⋯⋯⋯⋯⋯⋯⋯⋯⋯⋯⋯⋯⋯⋯⋯⋯ 85
  实验11 醋酸电离常数的测定（电导率法） ⋯⋯⋯⋯⋯⋯ 85

实验 12　原电池电动势的测定　　　　　　　　　　　　　　　87
  实验 13　电动势法测定化学反应的热力学函数　　　　　　　　90
  实验 14　电解法测定阿伏伽德罗常数　　　　　　　　　　　　93
  实验 15　电势-pH 曲线的测定　　　　　　　　　　　　　　　94
 4.3　化学动力学基础实验　　　　　　　　　　　　　　　　　　97
  实验 16　蔗糖的转化（一级反应）　　　　　　　　　　　　　97
  实验 17　乙酸乙酯皂化反应速率常数的测定　　　　　　　　　99
  实验 18　丙酮碘化反应速率常数及活化能的测定　　　　　　 102
  实验 19　BZ 振荡反应　　　　　　　　　　　　　　　　　　 105
 4.4　表面与胶体化学基础实验　　　　　　　　　　　　　　　 109
  实验 20　溶液表面张力的测定——最大气泡法　　　　　　　 109
  实验 21　溶液表面张力的测定——拉环法　　　　　　　　　 110
  实验 22　液体黏度的测定　　　　　　　　　　　　　　　　 113
  实验 23　黏度法测定高聚物的平均摩尔质量　　　　　　　　 115
  实验 24　胶体的制备及电泳速率的测定　　　　　　　　　　 118
 4.5　结构化学基础实验　　　　　　　　　　　　　　　　　　 121
  实验 25　偶极矩的测定　　　　　　　　　　　　　　　　　 121
  实验 26　磁化率的测定　　　　　　　　　　　　　　　　　 125
 4.6　研究性综合实验部分　　　　　　　　　　　　　　　　　 129
  实验 27　难溶盐溶度积的测定　　　　　　　　　　　　　　 129
  实验 28　分光光度法测定蔗糖酶的米氏常数　　　　　　　　 132
  实验 29　纳米氧化铁的制备及理化性能研究　　　　　　　　 135
  实验 30　TiO_2 纳米粒子的制备及光催化性能研究　　　　　 136

附　录

附录 1　国际单位制 SI 的基本单位　　　　　　　　　　　　　 139
附录 2　国际单位制的一些导出单位　　　　　　　　　　　　　139
附录 3　物理化学常数　　　　　　　　　　　　　　　　　　　140
附录 4　不同温度下水的饱和蒸气压　　　　　　　　　　　　　140
附录 5　几种有机物质的蒸气压　　　　　　　　　　　　　　　141
附录 6　不同温度下水的密度　　　　　　　　　　　　　　　　141
附录 7　25℃时电极的标准电极电势　　　　　　　　　　　　　142
附录 8　水在不同温度下的折射率、黏度和相对介电常数　　　 142
附录 9　液体的折射率　　　　　　　　　　　　　　　　　　　143
附录 10　不同温度下水的表面张力 γ　　　　　　　　　　 143
附录 11　有机化合物的标准摩尔燃烧焓（25℃）　　　　　　　 144
附录 12　几种溶剂的凝固点降低常数　　　　　　　　　　　　 144
附录 13　不同浓度、不同温度下 KCl 溶液的电导率 κ　　　 144
附录 14　无限稀释离子的摩尔电导率　　　　　　　　　　　　 145

参考文献

第1章　物理化学实验基本知识

物理化学是以物理学的思维、数学的逻辑，从物理现象和化学现象的联系入手，对化学变化的基本规律作出定量描述和理性推导的一门学科。物理化学实验是化学实验学科的一个重要分支，它借助于物理学中的原理、技术和仪器，来研究物质的物理性质、化学性质和化学反应规律。

1.1　开设物理化学实验课程的目的

物理化学实验课程是一门理论性、实践性和综合性很强的课程，涉及许多物理化学理论，使用的实验仪器多，数据处理难度大。通过物理化学实验操作和数据处理，一方面，使学生通过实践提升对理论知识的认知，加深对物理化学基础理论的理解，另一方面，使学生初步了解物理化学的实验研究方法，掌握物理化学的基本实验技术，学会运用物理化学的原理、技术和方法解决实际化学问题。物理化学实验课程培养学生理论联系实际的能力，提高学生分析问题和解决问题的能力，同时培养学生实事求是的科学态度、勤俭节约的优良作风、相互协作的团队精神以及勇于开拓的创新意识，对学生以后独立从事科学研究工作具有重要的作用。

开设物理化学实验的目的不仅是传授化学知识，更重要的是培养学生的能力和优良的素质，通过物理化学实验课的学习，学生应受到下列训练：

(1) 正确使用仪器，掌握基本操作，正确记录实验数据，培养学生观察、记录的能力和严谨求实的态度；

(2) 认真观察现象进而分析判断，培养学生通过逻辑推理作出结论的能力；

(3) 正确处理数据，培养学生科学素养以及分析、总结和表达的能力；

(4) 正确设计实验（包括选择实验方法、实验条件、仪器和试剂等），通过查阅手册、工具书及其他信息源获得信息，培养学生尊重他人成果、客观严谨的科学态度，培养学生综合运用化学实验技能和所学的知识解决实际问题的能力，以及创新创业能力。

1.2 物理化学实验课程的学习方法

1.2.1 实验前的预习

与无机化学实验、有机化学实验、分析化学实验相比,物理化学实验具有理论性强、仪器设备多、知识面广等显著特点,它不仅要求学生了解仪器的基本结构与重要部件的功能,掌握与仪器相关的实验操作技术,而且要求学生能将物理化学的理论知识与实验技能相结合,用物理化学的理论知识来指导实验,所以课前预习是物理化学实验课非常重要的环节,这是做好实验的前提。实验前指导教师要检查学生的预习情况,查看学生的预习报告,没有预习或预习不合格者,不允许其参加本次实验。

实验前的预习中,学生必须仔细阅读实验内容,并查阅与实验内容相关的资料,明确本次实验的目的、原理、所用仪器的构造和使用方法、实验条件和测定的物理量等,了解实验操作的具体步骤,在此基础上简明、扼要地写出预习报告,预习报告内容包括实验目的、实验原理、简要操作步骤、实验注意事项及数据记录表等。

1.2.2 实验操作

实验是培养学生独立工作和思维能力的重要环节,必须认真、独立地完成。实验过程中应始终遵守实验工作规则,桌面要保持整洁,用完的仪器和公用试剂要立即放回原处,不要随处摆放,特别是易碎的玻璃仪器,在使用完毕后及时归位。整个实验要做到井然有序、一丝不苟,要积极思考,善于发现和解决实验中出现的各种问题,自觉养成良好的科学习惯。

开始实验时,应首先检查测量仪表是否正常,核对试剂是否符合要求。发现问题及时向指导教师提出,然后对照仪器进一步预习,并接受教师的提问,倾听教师的讲解,在教师指导下做好实验准备工作。

学生要按实验操作规程认真进行实验,严格控制实验条件,仔细观察实验现象,及时记录实验数据。严禁"抓中药"式的操作,看一下书,动一动手。未经教师允许,不得擅自改变操作方法。

实验过程中要勤于思考,细心观察实验现象,遇到疑难问题或者发现异常现象时,应认真分析,及时解决实验中出现的各种问题,无法解决时,应该请指导教师帮助,可在教师指导下,重做或补充进行某些实验。

实验过程中要养成良好的记录习惯,根据仪器的精度,把原始数据详细、准确、实事求是地记录在实验报告上。完成实验后,实验结果必须交指导教师检查并签字,数据不合格的应重做,直至获得满意结果。

实验完毕后,应清洗、核对仪器,按要求处理好废液,对使用的公用仪器,应该自觉管理好,并在相关记录本上登记,养成良好的习惯。经指导教师同意后,方可离开实验室。

1.2.3 实验报告

实验报告是学生实验后,通过回顾、组织、解释、反思形成的,不仅可以促进学生对科学概念的理解,更能提升学生的推理能力、论证能力与反思能力。

写实验报告是本课程的基本训练，它将使学生在实验数据处理、作图、误差分析、问题归纳等方面得到训练和提高，为今后写科学研究论文打下基础。实验报告的书写要求字迹清楚整洁，作图和数据处理规范。

一份完整的实验报告，应包含基本信息、实验目的、实验原理、仪器与试剂、实验步骤、数据记录及处理、结果与讨论等内容。

其中，基本信息包括实验名称，实验时间、地点，实验时室温、大气压，同组者姓名。

实验原理除了写明测定方法的原理外，有时还需要写出所用仪器的测定原理。

仪器与试剂部分应简述主要仪器、试剂，仪器应注明型号。

实验步骤，要求内容清楚，步骤简洁扼要，顺序正确，禁止直接照抄。

数据记录包括实验条件、实验中的原始数据及其单位，可列表记录，清晰明了。

数据处理，可以通过公式计算物理量，也可以通过图表及拟合曲线得出结果，必须表达清晰，完整呈现，而不是只列出处理结果。

结果与讨论包括对实验结果作出合理性判断且有相应分析，回答课后思考题，以及做出实验总结，实验总结中，可以写实验中的注意事项、实验误差分析、实验的心得体会，也可以对实验中遇到的疑难问题提出自己的见解，或者对实验的改进意见或建议，等等。这是实验报告中的重要内容，可以锻炼学生分析问题的能力。

书写实验报告应符合科学规范，书写工整、编排合理，各部分关系清晰、容易理解。报告内容呈现形式恰当，规范使用文字、数字单位、符号和图表。

图表绘制应该包含表名或图名、表头或图例、坐标轴表示的物理量及其单位和坐标轴单位长度数值。

画图应该遵循的规范：必须是电脑作图或使用坐标纸绘图；图中数值取适当的有效数字；坐标轴取适当的取值范围。如果需要拟合趋势线，必须要有趋势线、拟合方程表达式和拟合参数值。

实验报告应具有科学性，报告内容应准确、客观地反映实验的过程，保证其中运用的原理、方法正确，在结果讨论中，能提供有效的支撑证据或材料，论证思路完整清晰，观点明确且合理。

学生应在规定时间内独立完成实验报告，及时送指导教师批阅。

1.3 物理化学实验室安全知识

与其他的基础化学实验相比，物理化学实验更注重物质性质的测定以及化学反应规律的解释，涉及热力学、动力学、电化学、物质结构等方面的知识和基本原理，以及重要的实验方法和技术，是一门理论性和实践性都很强的课程。物理化学实验往往需要恒温、冷凝、高温高压等实验环境，例如，醋酸电离常数的测定需要有恒温水系统，二组分金属固液平衡相图的绘制需要加热至350℃以上，液体饱和蒸气压的测定需要达到一定的真空状态，燃烧热的测定需要由氧气钢瓶给氧弹充气等。因此物理化学实验中除了常规的玻璃器皿及实验耗材以外，还会使用恒温槽、电加热设备、高压储气瓶、真空泵等仪器，以及一些昂贵的精密大型仪器设备。物理化学实验最显著的特征就是使用仪器较多，学生在使用仪器时，如果存在不规范操作，会造成事故，带来安全隐患。

物理化学实验需要使用化学药品，大多数化学药品都有不同程度的毒性，例如实验中常用的酸碱，易挥发的有机溶剂苯、四氯化碳等，另外，实验需要使用到一些含有害化学物质的仪器，如水银温度计、U形管水银压力计等，也可能对教师及学生的身体造成危害。

物理化学实验存在着诸如被腐蚀、中毒、烫伤、爆炸、触电等安全事故隐患，学生在进入实验室之前必须经过安全培训。

1.3.1 实验场所的安全

（1）实验室的紧急出口个数及大小、安全信息牌内容必须符合相关规定，实验操作台和设备安装应该符合要求。

（2）实验室内的水、电、气等应有合理的布局，管道和阀门有标识；可燃气体管道应与高温、明火设备有安全间隔距离。

（3）实验室内必须配备必要的安全设施和应急装置，如应急喷淋与洗眼装置、急救包、灭火器和灭火毯等，标明安全器材的存放位置，并介绍正确的使用方法，紧急逃生疏散路线图必须在显著位置张贴，且有显著引导标识。

（4）实验场所应配备通风系统，操作易燃易爆有机试剂的通风橱内禁止存在电源插座。

（5）注意实验室用电、防火、防爆、防毒等方面的安全，应定期进行安全检查，对其进行维护和检修，做好巡查记录。

1.3.2 实验室危险源的排查

危险源指能造成人员伤害、财产损失、工作环境破坏或其他损失的不安全因素。

物理化学实验室中，学生实验使用的部分仪器及化学药品存在安全风险，实验教师应该建立危险源清单，针对危险源风险进行评估，并拿出应急管控方案。表1.1是物理化学实验中用到的部分仪器和化学药品。

表1.1 物理化学实验室危险源排查表

	序号	危险源	危险性	风险等级
仪器	1	精密水银温度计	易碎、有毒	高风险
	2	等位仪	易碎、有毒	高风险
	3	氧气高压钢瓶	高压	高风险
	4	氧弹式量热计	高压	高风险
	5	恒温槽	高温,机械搅拌	中等风险
	6	真空泵	机械损伤	低风险
	7	黏度计	易碎	低风险
	8	电热炉	烫伤	高风险
药品	1	无水乙醇	易燃	低风险
	2	环己烷	有毒	中等风险
	3	硝酸钾	易制爆	中等风险
	4	硝酸银	易制爆	中等风险
	5	盐酸	腐蚀性	高风险
	6	氢氧化钠	腐蚀性	中等风险
	7	乙酸乙酯	易燃	中等风险
	8	正丁醇	易燃	低风险

对于危险设备和危险化学品，实验室应该按规范设置特定的防护装置和警示标识。氧气

高压钢瓶应配置加固装置，防止钢瓶倾倒引发安全事故。使用电热炉时应注意是否放置在通风干燥处，是否有散热空间。危险设备和危险化学品应该配备相应的仪器设备操作安全规程、安全运行指南，高温高压操作的安全注意事项，强酸强碱等有毒有害的化学试剂的操作要点等。

危险源除了仪器和药品之外，还有实验操作活动，操作不当会引起各种不良后果，所以，实验时要严格按照实验操作规程进行，使用存在较大安全风险的仪器设备，如电热炉、真空泵、氧气高压钢瓶等，应熟知安全使用规则，掌握基本操作流程，集中精神，认真操作。

物理化学实验中使用的仪器设备较多，应该特别注意用电安全。实验室相关人员应该了解实验室电源总开关所处位置，学会在紧急情况下关闭总电源，还应定期对水、电进行安全隐患的排查。

实验时，仪器设备在使用过程中若出现高热、异味、异响、打火、接触不良等异常情况时，必须立即停止操作，关闭电源。电线不能离高温热源过近，大功率仪器应该使用专用插座。仪器设备使用完毕后应拔掉电源插头，长期不用时，应切断电源。

1.3.3 实验人员的防护

（1）安全教育

学生在进入实验室之前必须经过安全教育，使学生在主观上对安全风险与安全事故的危害程度建立深刻的认识，掌握危险源的危险特性及急救措施，提高学生的安全防范意识。学生通过安全教育知识的考核后，方可进入物理化学实验室做实验。

（2）实验着装要求

学生进入实验室时必须始终穿着实验服，必要时佩戴防护眼镜、面罩和手套。长发必须扎起来，不得穿裙子、短裤、拖鞋、有洞凉鞋以及高跟鞋，不得佩戴隐形眼镜。

（3）实验室的安全行为

① 学生进入物理化学实验室后，需要了解消防安全设备的位置及使用方法，如灭火器、灭火毯、报警装置、安全冲淋器及洗眼器、急救包等。

② 严禁在实验室中饮食；严禁在实验室中大声喧哗及追逐打闹。

③ 实验过程中要遵守实验纪律，爱护实验仪器设备，保持桌面布局合理、环境整洁。

④ 实验结束时，打扫实验室卫生，离开实验室前，要对实验室进行安全检查，将水、电、煤气及各种压缩气体关好，门窗锁好。

（4）实验室安全应急处置措施

实验室安全应急处置措施如表1.2所示。

表1.2 实验室安全应急处置措施

防范实验危害	主要应急处置措施
防火防爆	尽量防止可燃性气体逸出，保持室内通风良好。操作大量可燃性气体时，严禁使用明火和可能产生电火花的电器，并防止其它物品撞击产生火花
火场逃生	牢记实验室所在位置的紧急疏散通道，一旦发生火灾，要听从指挥，按照紧急疏散指示正确逃生
防腐蚀	受强酸腐蚀，立即用大量水冲洗，再用小苏打溶液冲洗，然后用水冲洗； 受强碱腐蚀，应立即用大量水冲洗，再用2%的硼酸或2%的稀醋酸冲洗
防割伤	切忌用手直接触碰破碎玻璃仪器，若被玻璃割伤，要先清理伤口处的玻璃碎片再包扎

续表

防范实验危害	主要应急处置措施
防烫伤	使用电热炉、烘箱等设备时要防止烫伤,若被烫伤,先用凉水冲洗,然后放入5℃以上的凉水中浸泡0.5h,若起水泡,不宜挑破
防触电	谨慎使用电气设备,不要接触或靠近电压高、电流大部位,湿手不得接触电气设备,有人触电后应立即切断电源再施救
防毒	操作有毒化学药品应在通风橱内进行,避免与皮肤接触,不要在实验室内喝水、吃东西,离开实验室时要洗净双手
防汞	若不慎打破水银温度计,将汞洒在桌上或地上,须尽可能收集起来,并用硫黄粉覆盖,使汞转变成不挥发的HgS,然后清除干净。手上有伤口时勿接触汞

1.3.4 实验室废弃物的分类处理

实验过程中产生的废弃物,不可随意倾倒、丢弃到下水道中,防止产生安全事故,造成环境污染,也不能在实验室内大量存放化学废弃物,应该包装严密,按照规定,分类投放到指定的收集容器中。

有回收价值的实验废弃物应在实验室做回收处理,产生废气的实验应在通风橱中进行,在排放废气之前,尽可能采取吸附、吸收、氧化、分解等方法消除尾气排放。废弃物如果是酸液、碱液、含重金属离子的溶液等污染环境的溶液,不能直接倒入下水池中,必须分类接收,集中存放,定期处理。实验废渣不能作为生活垃圾处理,必须分类收集,交给专业环保公司处理。

第 2 章　实验中的误差与数据处理

在进行物理化学实验时,为了得到准确的分析结果,在实验中要尽量减少和消除误差,准确地进行测量,同时,还需要正确地记录和处理实验数据。

2.1　误差

在实际实验过程中,即使采用最可靠的分析方法,使用最精密的仪器和纯度最高的试剂,由技术很熟练的分析人员进行测定,也不可能每次都得到完全相同的实验结果,所以,误差在客观上难以避免。

根据误差产生的原因及性质,可以将误差分为系统误差和随机误差。

1. 系统误差

系统误差是指由某种确定的原因造成的误差,根据产生的原因可分为以下几种:

(1) 方法误差:指由测量方法本身不够完善而引入的误差。例如,在二组分金属固液平衡相图实验中,系统受热不均匀,用来测定温度的是放在单独的测温套管中的热电偶,所以实际测出的温度不一定准确。

(2) 仪器误差:指由仪器本身不够准确或未经校准引起的误差。例如,电位差计、旋光仪未经校正。

(3) 试剂误差:指由试剂不纯或蒸馏水中含有微量杂质所引起的误差。例如,用电导率法测定乙酸的电离常数时,如用蒸馏水代替高纯水,所测电导值偏高。

(4) 主观误差:指由操作人员的主观原因引起的误差。例如,对颜色的敏感程度不同;平行滴定时,总是想使这次的滴定结果与前面的结果相吻合等。

所以,系统误差具有以下特征:

(1) 重现性:系统误差是由确定的原因造成的,所以在相同条件下,重复测定时误差会重复出现。

(2) 可测性:在误差产生的原因能够确定的前提下,系统误差的大小可测。

(3) 单向性或周期性:系统误差一般有固定的大小和方向,这里指统一偏大、统一偏小,或按一定的规律变化。

要知道系统误差是否存在，对照试验是最有效的检查方法，即选择组成与试样相近的标准试样，用同样的测定方法，以同样条件、同样试剂进行分析，将测定结果与标准值对比，用统计方法检验是否存在系统误差。

如果系统误差确实存在，可以根据产生的原因采用相应的措施来减免。

(1) 方法误差的减免：根据样品的含量和具体要求选择恰当的实验方法。另外，实验过程中的每一步的测量误差都影响到最后的结果，所以要尽量减小各步的测量误差。

(2) 仪器误差的减免：实验前应校准仪器，或计算时用校正值等。

(3) 试剂误差的减免：可作空白试验进行校正。所谓空白试验，指不加待测试样，用与分析试样完全相同的方法及条件进行平行测定，空白试验的目的是检查和消除试剂、蒸馏水、实验器皿和环境等带入的杂质的影响，所得结果称为空白值。从实验结果中扣除空白值，就可得到比较准确的实验结果。空白值不应过大，如果太大，直接扣除时会引起较大误差，应该通过提纯试剂等方法来解决。

2. 随机误差

随机误差是指由一些难以控制的偶然原因所引起的误差，所以也称为偶然误差。例如，分析过程中室温、气压、湿度等条件的微小变化都会引起实验结果的波动，操作人员一时辨别的差异而使读数不一致等。实际分析中，虽然操作人员认真操作，分析方法相同，仪器相同，外界条件也尽量保持一致，但同一试样多次重复测定，结果往往仍有差别，这类误差就属于随机误差。

所以，随机误差具有以下特征：

(1) 不可测性，造成随机误差的原因不明，所以误差的大小和方向都不固定。

(2) 双向性，误差有时大，有时小，有时正，有时负。

随机误差是由不确定的偶然原因造成的，所以，无法用实验的方法减免，但是，在同样条件下进行多次测定，随机误差的大小和方向服从统计学正态分布规律，如图2.1所示，μ是总体平均值，s是总体标准偏差，横坐标为误差的大小，纵坐标为误差出现的频率，从图中可以看出：①大小相近的正、负误差出现的机会相等；②小误差出现频率高，大误差出现频率较低；③无限多次测定时，误差的算术平均值极限为零。所以可用统计学方法来减免随机误差，即增加平行测定次数，取其平均值，可减小随机误差。

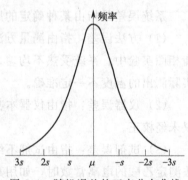

图 2.1　随机误差的正态分布曲线

3. 过失误差

除了上述两类误差外，还有一种过失误差，是由操作人员在操作中疏忽大意或不遵守操作规程造成的。例如器皿不洁净、溶液溅出、加错试剂、记录及计算错误等，这些都会对分析结果带来严重影响，如果发现，应剔除所得结果。

2.2 误差的表示方法

2.2.1 准确度与误差

准确度是实验测量值与真实值接近的程度。它说明测定结果的可靠性,两者的差值越小,则实验数据的准确度越高,实验结果越可靠。

准确度的高低可用误差的大小来衡量。误差分为绝对误差 E 和相对误差 E_r,其计算式如下:

绝对误差:测量值(x)与真实值(T)之差,用 E 表示,即

$$E_i = x_i - T \tag{1}$$

通常对一个试样要平行测定多次,上式中 x_i 为个别测量值,E_i 为这次测量的绝对误差。测量结果一般用平均值 $\bar{x}$ 表示,绝对误差可表示为:

$$E = \bar{x} - T \tag{2}$$

绝对误差并不能完全反映测量的准确度,因为它与被测物质的总量没有联系起来。例如,两个试样的质量分别为 1g 和 0.1g,称量时的绝对误差都是 0.01g,用绝对误差无法显示它们的不同,所以分析结果的准确度常用相对误差来表示。

相对误差:绝对误差在真实值中所占百分比,用 E_r 表示,即

$$E_r = \frac{E}{T} \times 100\% = \frac{\bar{x} - T}{T} \times 100\% \tag{3}$$

上例中,两个试样的相对误差分别为 1‰ 和 10‰,同样的绝对误差,如果被测定的量较大,相对误差就比较小,测定的准确度也就比较高。因此,用相对误差来表示各种情况下测定结果的准确度比较合理。

绝对误差和相对误差都有正值和负值。正值表示分析结果偏高,负值表示分析结果偏低。

2.2.2 精密度与偏差

在实验之前,实验结果的真实值往往是不知道的,所以准确度无法获得,我们通常用另一种表达方式来说明分析结果的好坏,这就是精密度。

精密度:在相同条件下对同一试样进行多次测定,测定结果之间相互符合的程度。精密度体现了测定结果的再现性。

精密度的大小可以用以下三组偏差表示。

(1) 绝对偏差 d_i 和相对偏差 d_r

绝对偏差 d_i 就是单次测定结果 x_i 与多次测定结果的平均值 $\bar{x}$ 之间的差别。相对偏差 d_r 指某一次测量的绝对偏差占平均值的百分比。

$$d_i = x_i - \bar{x} \qquad d_r = \frac{d_i}{\bar{x}} \times 100\% \tag{4}$$

绝对偏差和相对偏差表示个别测量值偏离平均值的程度,对于平行测定的一组数据,通常用平均偏差和相对平均偏差表示。

(2) 平均偏差 $\bar{d}$ 和相对平均偏差 $\bar{d}_r$

平均偏差是各单个偏差绝对值的平均值，相对平均偏差是平均偏差在平均值中所占的百分数。

$$\bar{d}=\frac{\sum_{i=1}^{n}|x_i-\bar{x}|}{n} \qquad \bar{d}_r=\frac{\bar{d}}{\bar{x}}\times 100\% \tag{5}$$

平均偏差和相对平均偏差全部是正值，它们取绝对值的原因是各个偏差有正有负，偏差之和为零。

用平均偏差和相对平均偏差表示精密度，计算比较简单，但用这种方法表示时，可能会把质量不高的测量掩盖住，也不能反映测量数据中的大偏差。在数理统计中，衡量测量结果精密度时用得最多的是标准偏差。

(3) 标准偏差 s 和变异系数 CV

标准偏差是各测量值对平均值的偏离程度。在一般的分析工作中，测定次数有限，统计学中有限次数时的样本标准偏差 s 的表达式为

$$s=\sqrt{\frac{\sum_{i=1}^{n}(x_i-\bar{x})^2}{n-1}} \tag{6}$$

变异系数（Coefficient of Variation）又称相对标准偏差，指标准偏差在平均值中占的百分数。

$$CV=\frac{s}{\bar{x}}\times 100\% \tag{7}$$

三种偏差比较见表 2.1，标准偏差和变异系数对一组测量中的较大误差或较小误差感觉比较灵敏，因此它是表示精度的较好方法。

表 2.1 三组偏差比较

绝对偏差 d_i 和相对偏差 d_r	平均偏差 $\bar{d}$ 和相对平均偏差 $\bar{d}_r$	标准偏差 s 和变异系数 CV
$d_i=x_i-\bar{x}$ $d_r=\frac{d_i}{\bar{x}}\times 100\%$	$\bar{d}=\frac{\sum_{i=1}^{n}\|x_i-\bar{x}\|}{n}$ $\bar{d}_r=\frac{\bar{d}}{\bar{x}}\times 100\%$	$s=\sqrt{\frac{\sum_{i=1}^{n}(x_i-\bar{x})^2}{n-1}}$ $CV=\frac{s}{\bar{x}}\times 100\%$
表示个别测量值偏离平均值的程度	表示一组数据的精密度	能更正确、更灵敏地反映测定值的精密度，更好地说明数据的分散程度

2.2.3 误差传递

实验结果的获得有两种途径：直接测量和间接测量，直接测量获得的一般是比较简单的结果，例如，用温度计测量物体的温度，用天平称量物体的质量等。

在实验中常有一些被测量不容易直接测量，或者直接测量时，由于条件限制而不易保证精度，所以常常采用间接测量的办法，即先测出与被测量有明确函数关系的某些简单量，然后代入该函数式，通过计算，算出被测量。直接测量的数据带有误差，误差会通过计算传递

给计算结果,这就是间接测量中的误差传递。误差传递符合一定的基本公式。

2.2.3.1 系统误差的传递

如果 A、B 和 C 是三个测量值,R 是测量结果,E 表示相应各项的误差。

(1) 加减法:实验结果的绝对误差是各测量步骤绝对误差的代数和或差。

如果 $R=A+B-C$,则,$E_R=E_A+E_B-E_C$ (8)

如果有关项有系数 m,例如:

$R=A+mB-C$,则,$E_R=E_A+mE_B-E_C$ (9)

(2) 乘除法:实验结果的相对误差是各测量步骤相对误差的代数和。

如果 $R=\dfrac{A\times B}{C}$,则,$\dfrac{E_R}{R}=\dfrac{E_A}{A}+\dfrac{E_B}{B}-\dfrac{E_C}{C}$ (10)

如果计算公式带有系数 m,误差传递关系式不变。

如 $R=m\times\dfrac{A\times B}{C}$,则,$\dfrac{E_R}{R}=\dfrac{E_A}{A}+\dfrac{E_B}{B}-\dfrac{E_C}{C}$ (11)

在乘法运算中,分析结果的相对误差是各个测量值的相对误差之和,而除法则是它们的差。

(3) 指数关系:实验结果的相对误差为测量值的相对误差的指数倍。

如果 $R=mA^n$,则,$\dfrac{E_R}{R}=n\dfrac{E_A}{A}$ (12)

(4) 对数关系

如果 $R=m\lg A$,则,$E_R=0.434m\dfrac{E_A}{A}$ (13)

说明:此处的 0.434 是 1/ln10。

2.2.3.2 随机误差的传递

如果 A、B 和 C 是三个测量值,R 是测量结果,s 表示相应各项的标准偏差。

(1) 加减法:实验结果的标准偏差的平方是各测量步骤标准偏差的平方总和。

如果 $R=A+B-C$,则,$s_R^2=s_A^2+s_B^2+s_C^2$ (14)

如果公式中的某些项有系数,那么,实验结果的标准偏差的平方是各测量步骤标准偏差的平方与系数平方乘积的总和。

如果 $R=aA+bB-cC$,则,$s_R^2=a^2s_A^2+b^2s_B^2+c^2s_C^2$ (15)

(2) 乘除法:实验结果的相对标准偏差的平方是各测量步骤相对标准偏差的平方的总和。

如果 $R=\dfrac{A\times B}{C}$,则,$\dfrac{s_R^2}{R^2}=\dfrac{s_A^2}{A^2}+\dfrac{s_B^2}{B^2}+\dfrac{s_C^2}{C^2}$ (16)

如果计算公式带有系数 m,误差传递关系式不变。

如 $R=m\times\dfrac{A\times B}{C}$,则,$\dfrac{s_R^2}{R^2}=\dfrac{s_A^2}{A^2}+\dfrac{s_B^2}{B^2}+\dfrac{s_C^2}{C^2}$ (17)

(3) 指数关系:实验结果的相对误差为测量值的相对误差的指数倍。

如果 $R=mA^n$，则，$\left(\dfrac{s_R}{R}\right)^2=n^2\left(\dfrac{s_A}{A}\right)^2$ 或 $\dfrac{s_R}{R}=n\dfrac{s_A}{A}$ (18)

（4）对数关系

如果 $R=m\lg A$，则，$s_R=0.434m\dfrac{s_A}{A}$ (19)

在一系列的实验步骤中，如果某一步骤引入1%的误差（或标准偏差），其余步骤引入的误差都在0.1%以内，则最后的实验结果的误差（或标准偏差）也仍在1%以上。

通过间接测量结果误差的求算，可以知道哪个直接测量值的误差对间接测量结果影响最大，从而可以有针对性地提高测量仪器的精度，获得更准确的结果。

2.2.4 准确度与精密度的关系

系统误差与随机误差的比较见表2.2，准确度是反映系统误差和随机误差的综合指标，是测量值与真实值接近的程度，精密度是测量值之间相互接近的程度，所以，精密度是保证准确度的先决条件。精密度差，所测结果不可靠，就失去了衡量准确度的前提。精密度好，不一定准确度高。只有在消除了系统误差的前提下，精密度好，准确度才会高。而准确度高，一定需要精密度高。

表2.2 系统误差与随机误差的比较

项目	系统误差	随机误差
产生原因	固定的因素	不定的因素
分类	方法误差、仪器误差 试剂误差、主观误差	
性质	重现性、单向性 或周期性、可测性	双向性、不可测性
影响	准确度	精密度
消除或减小的方法	校正	增加平行测定的次数

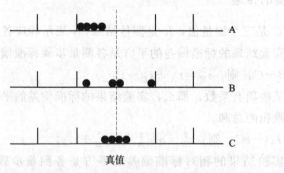

图2.2 精密度和准确度（图中黑点为实验测定值）

例如，有A、B、C三位实验者在相同的实验条件下测出的三组数据，每组四个值，它们的精密度和准确度如图2.2所示。

第一行，A测出的四个数据非常接近，说明精密度高，但四个数据的平均值与真值有一定距离，说明准确度差。

B组数据离散，说明精密度不好。

C组数据的精密度高，且平均值与真值接近，所以准确度也高。

真实值一般是不可知的，通常以几种正确的测量方法和经校正过的仪器，进行多次测量，将所得物理量的算术平均值或文献手册上的公认值作为真实值使用。

2.2.5 有限量数据的统计处理

前面提到，无限次测量的随机误差分布服从正态分布，而在实际测定中，测定次数是有限的，有限次测量的平均值不一定就是无限次测量的平均值，因此，我们有必要在一定的概率条件下，估计一个包含真实值的范围或区间，这个区间称为置信区间，置信区间中包含真实值的概率称为置信度，表示估计的可靠程度。英国化学家古塞特（Gosset）用统计方法推导出下式：

$$\mu = \bar{x} \pm \frac{ts}{\sqrt{n}} \tag{20}$$

式（20）为总体平均值 μ 所在的置信区间，μ 为无限次测量结果的平均值（若系统误差已消除，总体平均值 μ 可视为真实值）；$\bar{x}$ 为有限次测量结果的平均值；n 为平行测量次数；s 为样本标准偏差；t 为一定置信度下的概率系数。各置信度下的 t 值如表 2.3 所示。

表 2.3　t 分布表

自由度 $f=n-1$	置信度				
	50%	90%	95%	99%	99.5%
1	1.000	6.314	12.706	63.657	127.32
2	0.816	2.920	4.303	9.925	14.089
3	0.765	2.353	3.182	5.841	7.453
4	0.741	2.132	2.776	4.604	5.598
5	0.727	2.015	2.571	4.032	4.773
6	0.718	1.943	2.447	3.707	4.317
7	0.711	1.895	2.365	3.500	4.029
8	0.706	1.860	2.306	3.355	3.832
9	0.703	1.833	2.262	3.250	3.690
10	0.700	1.812	2.228	3.169	3.581
20	0.687	1.725	2.086	2.845	3.153
∞	0.674	1.645	1.960	2.576	2.807

显然，测量次数越多，t 值越小，置信区间的范围越窄，即测定平均值与总体平均值 μ 越接近。

例如，有一组实验数据：38.61%，38.58%，38.50%，38.47%，38.51%，38.62%，分别求出置信度为 90% 和 95% 时平均值的置信区间。

先求出这组数据的平均值，$\bar{x}=38.55\%$，

根据公式（6）计算这组数据的标准偏差，$s=0.0006$

置信度为 90% 时，查 t 分布表，$n=6$ 时，$t=2.015$，根据式（20）可得，

$$\mu = 38.55\% \pm \frac{2.015 \times 0.0006}{\sqrt{6}} = (38.55 \pm 0.05)\%$$

即置信区间为 38.50%～38.60%，此范围内包含真实值的概率为 90%。

置信度为 95% 时：查 t 分布表，$n=6$ 时，$t=2.571$，根据式（20）可得 $\mu=(38.55\pm0.06)\%$，即在 38.49%～38.61% 区间内包含真实值的概率为 95%。

显然，置信区间越大，置信度越高。

在进行化学实验时，不仅要尽量减免误差，准确地进行测量，还应该正确地记录和计算，这样才能得到准确的分析结果。

2.3 实验数据处理

2.3.1 实验原始数据的记录

2.3.1.1 数据记录

实验过程中，实验人员应该及时准确记录测量数据，保证原始记录的客观、真实、规范、完整，记录的数据不能随意删除、修改或增减，不能伪造、编造数据。

（1）实验数据可用蓝色或黑色的碳素笔、中性笔记录，不得用铅笔，字迹要工整、清晰。

（2）实验数据应在实验过程中及时记录，不允许事后补记或追记。

（3）实验数据中的有效数字、单位、符号的填写应符合国家标准，要使用国家法定计量单位，不得出现以"0"代表"0.0"及"0.00"等类似错误。

（4）实验数据不允许涂擦、挖补，如确实记错，允许更改，改正时应在原数据上画一横线（仍要能看清原数据），再将新数据写在其上方，要保证修改前记录能够辨认，以便事后还能进行对比、分析。

（5）对带数据自动记录和处理功能的仪器，将测试数据抄在记录表上，并同时附上仪器记录纸。

2.3.1.2 有效数字

在记录测量数据时，应根据所用仪器的精度和仪器刻度来确定数据的位数，不得任意增删，使记录的数据只有最后一位数是可疑数字，因为记录的数字既表示了数量的大小，也反映了测量的精确程度。例如用普通的分析天平称量，称出某物体的质量为2.1680g，这个数值中，2.168是准确的，最后一位数字"0"是估计的，可能有正负一个单位的误差，也就是说，实际质量是2.1680±0.0001g范围内的某一个数值。若记录为2.168，则说明"8"是估计的，该物体的实际质量为2.168±0.001g范围内的某一数值。最后一位"0"从数学角度看写不写都行，但在实验中这样记录显然降低了测量的精确程度。

有效数字中"0"具有双重意义。例如0.0330，前面的两个"0"只起定位作用，不是有效数字。而后面的一个"0"表示该数据准确到小数点后第三位，第四位可能会有±1的误差，所以这个"0"是有效数字。

某些数字如3300，末尾的两个"0"可能是有效数字，也可能仅是定位的非有效数字，为了防止混淆，最好用科学记数法来表示，写成$3.3×10^4$、$3.30×10^4$或$3.300×10^4$等。

2.3.1.3 数据的修约

在整理数据和运算中，几个实验数据的有效数字的位数不同时，常常要舍去多余的数字，这就是数据的修约。

舍去的方法按"四舍六入五留双"的原则进行。即被修约的数小于或等于 4，则舍去；大于或等于 6，则进位；若等于 5 时，5 的前一位是奇数则进位，而 5 的前一位是偶数则舍去。

例如，保留两位有效数字：2.148→2.1；8.396→8.4；0.835→0.84；65.5→66。

如果被修约的数等于 5，但"5"后面还有数字，则该数字总是比 5 大，此时应进位。

例如，保留两位有效数字：62.5001→63

只能一次修约到所需位数，不能分次修约，这样可能会产生误差。

例如，保留两位有效数字：一次修约：4.5473→4.5；

两次修约：4.5473→4.55→4.6

常用的"四舍五入"，其缺点是见五就进，会使修约后的总体值偏高。而"四舍六入五留双"，逢五有舍有入，则由五的舍入所引起的误差本身可以自相抵消。

数据的修约规则参考了中华人民共和国国家标准 GB/T 8170—2008 中的数值修约规则部分。

2.3.2 实验原始数据的处理

2.3.2.1 可疑数据的取舍

在实验数据中，常常有个别数据与其它数据相差很大，称为可疑值。如果确实知道这个数据是由过失误差造成的，可以舍去，否则不能随意剔除，应该根据一定的统计学方法决定其取舍。统计学处理取舍的方法有多种，例如 Dixon 法、Grubbs 法，下面介绍一种常用的方法——Q 检验法。检验步骤如下：

(1) 将测定值按从小到大的顺序排列：x_1，x_2，…，x_n

(2) 计算可疑值的摒弃商 Q 值，可疑值在一组测定值中不是最大（x_n）就是最小（x_1），其 Q 值的计算方法是用可疑值与最邻近数据之差除以极差（最大值与最小值之差，$x_n - x_1$）即：

$$Q = \frac{x_n - x_{n-1}}{x_n - x_1} \quad \text{或} \quad Q = \frac{x_2 - x_1}{x_n - x_1} \tag{21}$$

(3) 根据测量次数 n 和置信度查 Q 值表（表 2-4），得 $Q_\text{表}$，如果 $Q > Q_\text{表}$，则舍去可疑值，反之，则应予保留。

表 2.4　Q 值表

测量次数 n	3	4	5	6	7	8	9	10
$Q_{0.90}$	0.94	0.76	0.64	0.56	0.51	0.47	0.44	0.41
$Q_{0.95}$	0.98	0.85	0.73	0.64	0.59	0.54	0.51	0.48
$Q_{0.99}$	0.99	0.93	0.82	0.74	0.68	0.63	0.60	0.57

表中 $Q_{0.90}$、$Q_{0.95}$ 和 $Q_{0.99}$ 分别表示置信度为 90%、95% 和 99% 时的 Q 值。

例如，有一组平行测定的数据如下：22.42%，22.51%，22.55%，22.68%，22.54%，22.52%，22.53%，22.52%。试用 Q 检验法判断，置信度为 90% 时是否有可疑值要舍去。

首先，先按递增顺序排列：

22.42%，22.51%，22.52%，22.52%，22.53%，22.54%，22.55%，22.68%。

如果没有指定可疑值，一般需要检验最大值和最小值。先检验与平均值相差较大的那个，计算最大值 22.68% 的 Q 值：

$$Q = \frac{22.68\% - 22.55\%}{22.68\% - 22.42\%} = 0.5$$

查表：$n=8$ 时，$Q_{0.90}=0.47$，显然 $Q > Q_表$，22.68% 应该舍去。

再检验最小值，由于 22.68% 已经舍去，此时的最大值为 22.55%。

$$Q = \frac{22.51\% - 22.42\%}{22.55\% - 22.42\%} = 0.69$$

查表：$n=7$ 时，$Q_{0.90}=0.51$，显然 $Q > Q_表$，22.42% 应该舍去。

再检验新的最大值 22.55%，算得其 $Q=0.25$，而 $n=6$ 时 $Q_{0.90}=0.56$，$Q<Q_表$，所以 22.55% 应予保留。检验最小值 22.51%，算得其 $Q=0.25$，$Q<Q_表$，所以 22.51% 应予保留。

通过检验，这组数据要舍去 22.68% 和 22.42% 两个数据。

分析实验结果时，应该先对数据进行检验，是否有可疑值要舍弃，然后再进行相关的数据处理，如计算平均值、标准偏差等。

2.3.2.2 有效数字运算规则

(1) 几个数据相加减，和或差只保留一位可疑数字。

例如：$0.023\underline{1} + 35.7\underline{4} + 2.063\underline{72} = 37.8\underline{2682}$，（画线部分为可疑数字）计算结果应为 37.83。

所以说，加减法的有效数字的保留，应根据原始数据中小数点后位数最少的数（即绝对误差最大的那个数）确定。

(2) 几个数据的乘除运算，积或商的有效数字位数根据原始数据中有效数字位数最少（即相对误差最大）的数确定。

例如：$0.023 \times 35.74 = 0.82202 \rightarrow 0.82$

(3) 在计算过程中，可以先计算，后修约。如果先对原始数据进行修约，为避免修约造成误差的积累，可多保留一位有效数字进行计算，最后将计算结果按修约规则进行修约。

(4) 乘除法运算时，如果遇到第一位有效数字大于或等于 8，有效数字可多算一位。

例如：计算 $0.0833 \times 54.28 \times 621.34 = ?$ 式中 0.0833 的第一位有效数字为 8，8（一位有效数字）与 10（两位有效数字）接近，故 0.0833 可视为四位有效数字，计算结果应为四位有效数字。

(5) 乘方或开方时，结果有效数字位数不变。

例如：$3.12^2 = 9.73$

(6) 如果在计算过程中遇到倍数、分数关系，因为这些倍数、分数并非测量所得，不必考虑其有效数字的位数，或视为无限多位有效数字。

(7) 对数的有效数字的位数应与真数的有效数字位数相等。

(8) 计算误差或偏差时，有效数字取一位即可，最多两位。

2.3.2.3 实验数据的表达

(1) 列表法

将实验数据列成表格，可以清晰地表示变量间的数量关系，化繁为简，让人一目了然，是数据处理中最简单、最常用的方法。列表可以方便地对获得的实验结果进行比较，找出实验结果的规律性。设计数据表格，总的原则是简单明了，还要注意以下几个问题：

① 表格要有序号和名称，使人一见便知其内容，例如，表2.5水在不同温度下的饱和蒸气压。

表2.5 水在不同温度下的饱和蒸气压

温度		饱和蒸气压	
$t/℃$	T/K	$p(H_2O)/kPa$	$p(H_2O)/mmHg$
0		0.61129	
1		0.65716	
2		0.70605	
3		0.75813	
4		0.81359	

② 表格中，一般先列自变量，再列因变量，变量可根据需要安排在表格的顶端，或表格最左侧，称为"表头"，表头包括变量名称及量的单位，两者以相除的形式表示，因为物理量本身有单位，除以它的单位，即等于表中的纯数字。可以将原始数据和处理结果列在同一表中，在表格下面列出算式或计算过程。

③ 表格中，数字要排列整齐，同一列数据的小数点要对齐，数据按自变量递增或递减的次序排列，如果数据特大或特小，且各数据的数量级相同时，可将10的指数写在表头中量的名称旁边或单位旁边，以与物理量符号相乘的形式表示，指数项与数据指数项为异号。

(2) 作图法

作图法就是将实验数据之间的关系或其变化情况用图形直观地表示出来，是实验中最常用的数据处理方法。作图法能够直观地反映物理量之间的规律和关系，形象地表达出数据的特点，如极大值、极小值、拐点等，并可进一步用图解求积分、微分、内插值。作图应注意如下几点：

① 每一张图都要有序号和名称，例如：图1.1二组分金属固液平衡相图，图2.3 $\ln p$-$1/T$ 图。

② 作图要用正规坐标纸，物理化学实验中一般用直角坐标纸，只有三组分相图使用三角坐标纸。

③ 在直角坐标纸中，通常以自变量作横坐标（x轴），因变量作纵坐标（y轴），坐标轴确定后，用粗实线在坐标纸上描出坐标轴，并注明坐标轴所代表物理量的符号和单位，符号和单位以两者相除的形式表示。

坐标的比例和分度应与实验测量的精度相同，坐标轴上的最小分度（1mm）对应于实验数据的最后一位准确数字。坐标比例确定后，在坐标轴上均匀地标出所代表物理量的整齐数值，横坐标和纵坐标的原点不一定从零开始，可以用略小于实验数据最小值的数值作为坐标轴的起始点，略大于实验数据最大值的数值作为终点，这样图纸可以被充分利用。坐标轴的标度应该用有效数字表示。坐标纸每小格所对应的数值应该能够方便计算，一般多采用1、2、5或10的倍数。如果数据特大或特小，且各数据的数量级相同时，可以用10的指数表示，以相乘的形式写在变量旁。

④ 用铅笔描实验数据点时，可用"○""△""□""×"等符号表示，将其准确地标在位置上，若在同一张图上作几条实验曲线，可以用不同的符号描点，以示区别。

实验数据点不要过分集中于某一区域，应该尽量分散、匀称地分布在全图，图形的长、宽比例要适当,力求表现出极大值、极小值、转折点等曲线的特殊性质。

⑤ 由实验数据点描绘出的曲线或直线,应该尽可能接近或贯穿所有的点,对于不能通过的点,根据随机误差理论,实验数据应均匀分布在曲线两侧,与曲线的距离尽可能小,并使两边点的数目和点离线的距离大致相等,这样描出的线才能较好地反映出实验测量的总体情况。作曲线要用曲线板等拟合,描出的曲线应平滑均匀。

仪器仪表的校准曲线和定标曲线,连接时应将相邻的两点连成直线,整个曲线呈折线形状。

2.3.2.4 实验数据方程的拟合的处理

物理化学实验涉及热力学、动力学、电化学、表面化学、胶体化学和结构化学等方面,实验原理各不相同,会得到各种类型的实验数据,根据这些数据,如何找到其变化规律,继而得到可靠的结论呢?首先必须对实验数据进行必要的整理和科学的分析。用数学方程式表达实验数据,不但方式简单精练,而且便于进一步求解,例如积分、微分、内插等。

通常先找出变量之间的函数关系,然后找出其直线关系,进一步求出直线方程的斜率 k 和截距 b,写出直线方程。或者将变量之间的关系直接写成多项式,通过计算机进行曲线拟合,求出方程系数。

(1) 直线方程

求直线方程系数一般有如下三种方法。

① 图解法

将实验数据处理后,在坐标纸上作图,得一直线,设直线方程为 $y=kx+b$。

在直线上紧靠实验数据两个端点的内侧取两点 $A(x_1, y_1)$、$B(x_2, y_2)$,为使求得的斜率值更准确,所选的两点距离不要太近,最好不要直接使用原始测量数据点计算斜率和截距。

则斜率 k 和截距 b 分别为:

$$k=\frac{y_2-y_1}{x_2-x_1} \qquad b=y_1-kx_1$$

② 平均法

若将测得的 n 组数据分别代入直线方程式,则得 n 个直线方程

$$y_1=kx_1+b$$
$$y_2=kx_2+b$$
$$\vdots$$
$$y_n=kx_n+b$$

将这些方程分成两组,分别将各组的 x,y 值累加起来,得到两个方程

$$\sum_{i=1}^{k} y_i = k\sum_{i=1}^{k} x_i + kb$$

$$\sum_{i=k+1}^{n} y_i = k\sum_{i=k+1}^{n} x_i + (n-k)b$$

解此联立方程,可得 k,b 值。

③ 最小二乘法

最小二乘法通过将误差的平方和最小化来寻找数据的最佳函数匹配，得到直线方程，这里的误差是指所有实验数据点与计算得到的直线之间的偏差，最小二乘法是一种数学优化技术，是比较精确的一种方法。

下面，我们讨论最简单的一种情况，若实验测量得到一组数据是 x_i、y_i（$i=1, 2, \cdots, n$），线性方程 $y=kx+b$。

若每个测量值精度相等，且假定 x 和 y 值中只有 y 有明显的测量随机误差。如果 x 和 y 均有误差，只要把误差相对较小的变量作为 x 即可。y 的测量偏差，记为 $E_1, E_2, \cdots, E_n$，如图 2.3 所示。

将实验数据（x_i、y_i）代入方程 $y=kx+b$，可得：

$$y_1-(kx_1+b)=E_1$$
$$y_2-(kx_2+b)=E_2$$
$$\vdots$$
$$y_n-(kx_n+b)=E_n$$

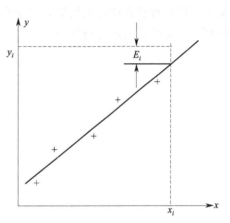

图 2.3 y_i 的测量偏差

利用上述的方程组如何确定 k 和 b 值呢？显然，使 $E_1, E_2, \cdots, E_n$ 的数值都比较小的 k 和 b 值比较合理。但是，每次测量的误差不一定相等，$E_1, E_2, \cdots, E_n$ 大小不一，符号也不一定相同。所以只能要求总的偏差最小（最小二乘法），即 $\sum_{i=1}^{n} E_i^2$ 最小。

令
$$S=\sum_{i=1}^{n} E_i^2 = \sum_{i=1}^{n}(y_i-kx_i-b)^2$$

S 最小的条件是：$\dfrac{\partial S}{\partial k}=0$ $\dfrac{\partial S}{\partial b}=0$ $\dfrac{\partial^2 S}{\partial k^2}>0$ $\dfrac{\partial^2 S}{\partial b^2}>0$，据此解得：

$$k=\frac{\sum_{i=1}^{n}x_i\sum_{i=1}^{n}y_i - n\sum_{i=1}^{n}(x_iy_i)}{(\sum_{i=1}^{n}x_i)^2 - n\sum_{i=1}^{n}x_i^2} \qquad b=\frac{\sum_{i=1}^{n}x_i\sum_{i=1}^{n}(x_iy_i) - \sum_{i=1}^{n}x_i^2\sum_{i=1}^{n}y_i}{(\sum_{i=1}^{n}x_i)^2 - n\sum_{i=1}^{n}x_i^2} \qquad (22)$$

令 $\overline{x}=\dfrac{1}{n}\sum_{i=1}^{n}x_i$，$\overline{y}=\dfrac{1}{n}\sum_{i=1}^{n}y_i$，$\overline{x^2}=\dfrac{1}{n}\sum_{i=1}^{n}x_i^2$，$\overline{xy}=\dfrac{1}{n}\sum_{i=1}^{n}(x_iy_i)$

所以，
$$b=\overline{y}-k\overline{x} \qquad k=\frac{\overline{x}\cdot\overline{y}-\overline{xy}}{(\overline{x})^2-\overline{x^2}} \qquad (23)$$

如果实验是在已知 y 和 x 满足线性关系下进行的，那么用上述最小二乘法线性拟合，（又称一元线性回归），可解得斜率 k 和截距 b，从而得出回归方程，由此得出的 y 值称为最佳值。

利用最小二乘法可以简便地求得未知的数据，并使得这些求得的数据与实际数据之间误差的平方和为最小。最小二乘法还可用于曲线拟合。其他一些优化问题也可通过最小化能量或最大化熵用最小二乘法来表达。

(2) 曲线方程——计算机拟合

遇到比较复杂的实验数据，难以直接从数据中找到有用的化学信息，可以运用化学、数学分析软件处理数据，用于图形处理的软件非常多，例如 Excel、Origin 等软件。

以 Origin 软件为例，它有强大的数据处理和图形化功能，可以对实验数据进行常规处理和一般的统计分析，如计数、排序、求平均值和标准偏差、t 检验、快速傅里叶变换、比较两列均值的差异、进行回归分析等，另外，还可用数据作图，用图形显示不同数据之间的关系，用多种函数拟合曲线等，已被化学工作者广泛应用。关于 Origin 等图形处理软件的使用，需要的读者可自行学习。

第 3 章 测量技术与仪器

3.1 热化学测量技术与仪器

热是能量交换的一种形式，是在一定时间内以热流形式进行的能量交换。热量的测量一般通过温度的测量来实现。温度表征体系的冷热程度，是表述体系宏观状态的一个基本参量。两个物体处于热平衡时，其温度相同，这是温度测量的基础。当温度计与被测体系之间达到热平衡时，与温度有关的物理量才能用以表达体系的温度，而温度的量值与温标的选取有关。

3.1.1 温标

温标是温度量值的表示方法。温度的量值与温标的选择有关。目前，物理化学实验中常用的温标有两种：热力学温标和摄氏温标。

1848 年，开尔文提出热力学温标，符号为 T，单位为开尔文（符号为 K），热力学温度单位定义为水的三相点的热力学温度的 1/273.16。由于以前的温标定义中，使用了与 273.15K（冰点）的差值表示温度，因此现在仍保留这种方法。

摄氏温标：摄氏温标使用较早，应用方便。它规定在标准压力下，水的冰点（0℃）和沸点（100℃）之间划分为 100 等份，每一等份为 1℃，摄氏温度的符号为 t。

热力学温标与摄氏温标之间的关系为：$T/K = t/℃ + 273.15$

3.1.2 温度计

测定温度的仪器称为温度计，下面介绍几种常用的温度计。

3.1.2.1 水银温度计

水银温度计是实验室最常用的测温工具。它使用方便、价格便宜、具有较高的精确度，测温范围为 −35~360℃（水银的熔点是 −38.7℃，沸点是 356.7℃），如果以石英玻璃作为管壁，并充入氮气，则最高测量温度可达到 800℃。水银温度计的缺点是易损坏且无法修理，容易受许多因素的影响而引起读数误差。

(1) 水银温度计主要的误差来源和校正方法

① 零点校正　当温度计受热后，水银球体积可能有所改变，且玻璃毛细管很细，因而水银球体积的微小改变都会引起读数的较大误差，因此必须进行零点校正。对此，可以用纯物质的熔点或沸点作为标准校正。也可以把温度计与标准温度计进行比较，用标准温度计和待校正的温度计同时测定某一体系的温度，将对应值一一记录，做出校正曲线。使用时利用校正曲线对温度计进行校正。

② 露茎校正　水银温度计有"全浸""局浸"两种。大部分水银温度计是全浸式的，温度计水银柱全部浸入被测体系时，测得温度才准确，但在实际使用时往往做不到"全浸"状态。对于局浸式温度计，温度计上刻有浸入线，表示测温时规定浸入的深度，测温时要求水银柱的温度与体系相同，浸入线以上的水银柱温度与校正时一致。使用时，小于或大于浸入深度，或者标线以上的水银柱温度与校正时不一致，就需要校正。这两种校正都称为露茎校正，如图 3.1 所示。

将一支辅助温度计靠在测量温度计的露出部分，其水银球位于露出水银柱的中间，测量露出部分的平均温度，校正值 Δt 按下式计算，即：

$$\Delta t = kh(t_{观} - t_{环})$$

式中，$\Delta t = t - t_{观}$ 为读数校正值；t 为温度的正确值；$t_{观}$ 为测量温度计上的读数；$t_{环}$ 为环境温度，由辅助温度计测出；k 为水银对玻璃的相对膨胀系数，$k = 0.00016$；h 为露出待测体系外的水银柱长度，称为露茎高度（以温度差值表示）；校正后的真实温度为：$t = t_{观} + \Delta t$。

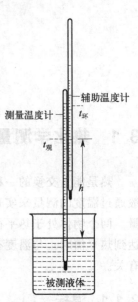

图 3.1　温度计露茎校正

(2) 使用水银温度计的注意事项

① 温度计使用时应尽可能垂直放置，以免温度计内部水银压力不同而引起误差。

② 温度计浸入被测体系后，待体系与温度计之间达到热平衡后再读数。读数时视线应与液柱面处于同一水平面。

③ 使用时防止骤冷骤热，以免引起温度计破裂和变形。

④ 使用温度计时不能用其代替搅拌棒。

3.1.2.2　贝克曼温度计

(1) 构造和特点

贝克曼温度计是水银温度计的一种，用于精密测量温度差值。它与普通的水银温度计的区别在于水银球内的水银量可通过毛细管上端的水银贮槽调节。其特点是：测量精密度高，刻度精细，每摄氏度分为 100 等份，可直接读出 0.01℃，借助放大镜可估读到 0.002℃；量程较短，整个温度范围只有 5℃ 或 6℃。但在毛细管上端有一个水银贮槽，可借助其调节下端水银球中的水银量，因此，贝克曼温度计可测 -20～+150℃ 范围内不超过 5℃ 或 6℃ 的温差；由于水银球内水银量可调，量程可变，故从刻度上所读的温度值并不是绝对值。

(2) 使用方法

利用贝克曼温度计测量温差，在调节前最好明确反应是放热还是吸热，还应了解温差的范围，来调节水银球的水银量，把温度计的毛细管中水银端面调整在标尺合适的范围内。例如，有一物质溶于水（水温已用普通温度计测出为20℃），且已知是一吸热反应，反应完毕温度约下降1℃左右，又知从刻度尺最高刻度"5"到毛细管和贮槽接口处（图3.2中 AB 段）这一段约2.5℃，那么应如何操作呢？

首先把水银球与水银贮槽连接起来，以调节水银球中水银量，使之适合测温范围，然后再将水银在连接处断开。具体方法如下：

① 把贝克曼温度计插入被测体系内，平衡后，用右手握住贝克曼温度计中部，然后将温度计倒置，使贮槽中水银与毛细管的水银相连接，再小心地倒回温度计至垂直位置。

② 因反应时某物质溶于水，水温为20℃，那么在20℃时水银柱最高点如在刻度"3"处，下降1℃左右从温度计刻度尺就能清楚地读出（当然水银柱最高点选在"4"也可以，可是选在"1"处就不合适了，因为若下降超过1℃则无法读数）。实验中当选定20℃水银柱最高点在刻度"3"处时，便把由第一步已连接好的温度计轻轻地放在24.5℃（20+2+2.5=24.5）的恒温浴中，恒温5min。

图3.2 贝克曼温度计

③ 取出温度计，右手握其中部，如图3.3所示，温度计垂直，水银球向下。用左手掌拍右手腕（注意：应离开桌子，以免碰坏温度计），靠振动的力量使水银柱在 B 处断开。这一步的动作应迅速，防止由温度的差异引起水银体积迅速变化而使调节失败，但也不得过于紧张而损坏温度计。这样当水银球处在20℃时水银柱最高点应在刻度"3"左右，如相差很多需重新调节。

图3.3 调节方法

(3) 使用贝克曼温度计的注意事项

① 贝克曼温度计是一精密贵重的温度计，应轻拿轻放，必须握其中部（即重心处）才安全不致折断。

② 用左手掌拍右手腕时，温度计一定要垂直，否则毛细管易折断。

③ 调节好的温度计一定要插在温度计架上，不能横放桌上，否则贮槽中水银和毛细管中的水银又会连接而要重新调节。

④ 不能骤冷骤热，以防温度计炸裂。

尽管贝克曼温度计有许多优点，但调节比较麻烦，而且贮槽中水银量大，如在操作过程中碰碎，会造成环境污染，因此，精密温差测量仪已替代玻璃贝克曼温度计，广泛在实验室中使用。

3.1.2.3 精密温差测定仪

(1) 结构和特点

精密温差测定仪是用来测定微小温度差的仪器，它由一支棒状的传感器（又称探头）和数字显示仪表（如图3.4 SWC-ⅡD精密数字温度温差仪）所组成，其特点如下：

① 既可以测量温度，又可以测量温差。温度测量范围可达到-50~150℃。

② 温度测量分辨率0.01℃，温差测量分辨率0.001℃。

③ 可调报时功能，可以在定时读数时间范围 6～99s 内任意选择。
④ 操作简单，读数准确，还消除了汞污染，安全可靠。

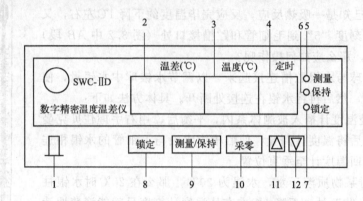

图 3.4 SWC-ⅡD 精密数字温度温差仪前面板示意图

1—电源开关；2—温差显示窗口；3—温度显示窗口；4—定时窗口；5—测量指示灯；6—保持指示灯；
7—锁定指示灯；8—锁定键；9—测量/保持功能转换键；10—采零键；11，12—数字调节键

(2) SWC-ⅡD 精密数字温度温差仪的使用方法

① 准备工作

将传感器探头插入后盖板上的"传感器接座"（槽口对准）；将后盖板的电源线接入 220V 电网；将传感器插入被测物中（插入深度应大于 50mm）。

② 操作步骤

a. 打开电源开关，此时测量指示灯亮，仪表处于测量状态，显示屏显示仪表初始状态的实时温度。

b. 当温度显示值稳定后，按一下 采零 键，仪表显示"0.000"，稍后的变化值为采零后温差的相对变化量。

c. 在一个实验过程中，仪器采零后，当介质温度变化过大时，仪器会自动更换适当的基温，这样，温差的显示值将不能正确反映变化量，故在实验时，按下 采零 键后，应再按一下 锁定 键，这样，仪器将不会改变基温，采零 键也不起作用，直至重新开机。

d. 需要记录读数时，可按一下 测量/保持 键，使仪器处于保持状态（此时，"保持"指示灯亮）。读数完毕，再按一下 测量/保持 键，即可转换到"测量"状态，进行跟踪测量。

e. 定时读数。按下 △ 或 ▽ 键，设定所需的报时间隔（应大于 5 秒钟，定时读数才会起作用）；设定完成后，定时显示将进行倒计时，当一个计数周期完毕时，蜂鸣器鸣叫，且读数保持约 5 秒钟，"保持"指示灯亮，此时可观察和记录数据；若不想报警，只需将定时读数置于 0 即可。

f. 关机。测量完毕后，先关闭电源开关，再断开电源即可。

3.1.2.4 热电偶温度计

热电偶温度计结构简单，测温范围广，在 -270～2800℃ 范围内都有相应产品可供选用，准确度高，反应速度快，是目前实验室和工业测温中最常用的传感器。

(1) 原理

如图 3.5 所示，两种不同的导体 A 和 B 接触构成闭合回路时，如果将两个连接点分别置于温度各为 T 和 T_0（假定 $T>T_0$）的热源中，则回路中将产生一个与温度差有关的热电势，这种现象称为热电效应。利用热电效应制成的感温元件就是热电偶。导体 A 和 B 称为热电极，温度 T 端为感温部分，称为测量端（或热端），温度 T_0 端为连接显示仪表部分，称为参比端（或冷端）。

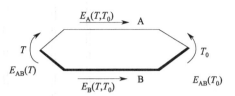

图 3.5 热电偶回路热电势分布

热电偶的热电势只与热电偶导体材料以及两端温差有关，而与导线长度、直径和导线本身的温度分布无关，热电势 $E_{AB}(T, T_0)$ 的大小由接触电势和温差电势组成。

① 接触电势 当两种导体 A 和 B 接触时，由于两者自由电子密度（即单位体积内自由电子的数目）不同，就会产生电子的扩散。电子从电子密度大的材料向电子密度小的方向扩散，这时电子密度大的电极因失去电子而带正电荷，电子密度小的电极带负电荷，当这种扩散达到动态平衡时，在 AB 之间就形成稳定的接触电势，其大小取决于两种导体的性质和接触点的温度，分别用 $E_{AB}(T)$、$E_{AB}(T_0)$ 表示。

② 温差电势 温差电势是在同一导体的两端由温度不同而产生的电势。如导体 A 的两端，由于温度不同，两端的电子能量也不同，高温端的电子能量比低温端的电子能量大，因而电子从高温端跑到低温端的数量比从低温端跑到高温端的多，使得高温端因失去电子而带正电荷，低温端因得到电子而带负电荷，从而在导体的两端产生电势差 $E_T - E_{T_0}$，即为温差电势。图中的 A、B 导体都有温差电势，分别用 $E_A(T, T_0)$、$E_B(T, T_0)$ 表示。

因此热电偶回路中产生的总电势 $E_{AB}(T, T_0)$ 由四部分组成。

$$E_{AB}(T,T_0)=E_{AB}(T)+E_B(T,T_0)-E_{AB}(T_0)-E_A(T,T_0)$$

热电偶的总电势与热电偶材料及两接点温度有关。当热电偶材料一定时，热电偶的总电势是温度 T 和 T_0 的函数差。由于冷端温度 T_0 固定，则对一定材料的热电偶，其总电势 $E_{AB}(T, T_0)$ 只与温度 T 成单值函数关系。

(2) 热电偶的结构和制备

在制备热电偶时，热电极的材料和直径，应根据测量范围、测定对象的特点、热电偶的电阻值以及电极材料的价格和机械强度而定。贵金属材料一般选用直径 0.5mm，普通金属电极的价格较便宜，直径可以稍大一些，一般为 1.5～3mm。

热电偶热接点可以是对焊，也可以预先把两端线绕在一起再焊。应注意焊圈不宜超过 2～3 圈，否则工作端将不是焊点，而向上移动，测量时有可能带来误差。普通热电偶的热接点可以用电弧、乙炔焰、氢气吹管的火焰来焊接。热电偶接点常见的结构形式如图 3.6 所示。

(3) 热电偶的校正、使用

使用前，需对热电偶进行校正。由于纯物质相变时温度是恒定不变的，选择几个已知沸点或熔点的纯物质作为标准系统，将热电偶的热端放入温度恒定的标准系统内，冷端放入冰-水的平衡系统中，测定其热电势。装置如图 3.7 所示。测定时，先将标准系统加热熔融，停止加热后使其均匀冷却，即可得到热电势-时间关系曲线，曲线上平台所对应的热电势数

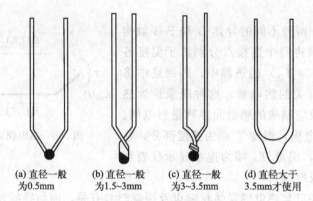

(a) 直径一般为0.5mm　(b) 直径一般为1.5~3mm　(c) 直径一般为3~3.5mm　(d) 直径大于3.5mm才使用

图3.6　热电偶接点常见的结构图

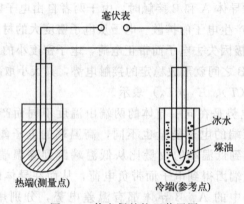

图3.7　热电偶的校正装置图

值即相应于该物质的熔点或沸点，由此作出热电势-温度曲线。选择几个不同的标准系统重复测定，即可得到热电偶的工作曲线。

(4) 几种常见的热电偶

热电偶品种繁多，但也不是任意两种不同材料的导体都可以制作热电偶，对热电偶材料的要求是热电性质稳定，物理化学性质稳定，不易氧化或腐蚀；电阻温度系数小，导电率高；测温中的电势要大，热电势与温度成线性或接近线性关系；材料复制性好，制造工艺简单等。几种常用的热电偶使用温度及热电势系数如表3.1。

表3.1　常用热电偶的基本参数

材料及组成	分度号	使用范围/℃	热电势系数/(mV·K^{-1})
铜-康铜	T	−200~300	0.0428
铁-康铜	J	0~800	0.0540
镍铬-康铜	E	0~800	
镍铬-镍硅	K	0~1300	0.0410
铂铑10-铂	S	0~1600	0.0064
铂铑30-铂铑6	B	0~1800	0.00034

① 铜-康铜热电偶　铜-康铜热电偶适用于低温的测定，能在真空、氧化、还原或惰性气体中使用。其性能稳定，在潮湿环境中耐腐蚀，热电灵敏度也高，且价格最便宜。

② 铁-康铜热电偶　铁-康铜热电偶适用于真空、氧化、还原或惰性气体。其常用温度800℃以下，因为超过该温度，铁热电极的氧化速度加快。

③ 镍铬-康铜热电偶　镍铬-康铜热电偶适用于氧化或惰性气氛，不适用于还原性气氛。它的耐热和抗氧化性能好，灵敏度高，价廉。

④ 镍铬-镍硅热电偶　它由镍铬与镍硅制成，化学稳定性较高，热电势大，热电势与温度的关系近似呈线性，价格便宜，是目前工业生产中最常见的一种热电偶。镍铬-镍硅热电偶适用于氧化或惰性气氛，不适用于还原性气氛和含硫气氛，除非加以适当保护。

⑤ 铂铑 10-铂热电偶　它由纯铂丝和铂铑丝（铂 90%，铑 10%）制成，属于贵金属热电偶，可在 1300℃ 以下温度范围内长期使用。它的物理化学稳定性好，测量的准确性最高，可用于精密温度测量和做基准热电偶。它适用于氧化或惰性气氛，缺点是热电势较小，长期使用后，铂铑丝中的铑产生扩散，使铂丝受到污染而变质，从而引起热电势下降，成本高。其灵敏度较低，需要与较精密的显示仪表配套使用。

⑥ 铂铑 30-铂铑 6 热电偶　这种热电偶可以测 1800℃ 以下的高温，其性能稳定，精确度高，但它产生的热电势小，价格高。由于它的负极是铂铑合成的，热电势下降情况不严重。

3.1.2.5　电阻温度计

电阻温度计是利用测温材料的电阻随温度变化的特性制成的温度计，用于电阻温度计的材料有金属导体和半导体两大类。金属导体中铂、铜和镍是最适合的材料，半导体有锗、碳和金属氧化物等。铂的熔点高、化学稳定性好，对温度变化响应快，所以铂电阻温度计被作为 13.2~903.89K 温度范围内的标准温度计。

由金属氧化物半导体材料制成的电阻温度计也叫热敏电阻温度计，它的电阻值随温度变化而呈指数式下降。它对温度的灵敏度比铂电阻、热电偶等其他感温元件高得多。但是由于电阻的阻值老化而使数据难以控制，需要经常标定，而且热敏电阻大都不适用于较高温度。

3.1.2.6　电接点温度计

电接点温度计不能测量温度，它是恒温槽装置中的感温元件。电接点温度计是根据物体热胀冷缩的原理而制成的。它的下半部与普通温度计完全一样，上半部则有所区别，旋转顶端的调节帽时就带动内部的调节螺杆转动，进而使得指示铁沿螺杆上下移动，而指示铁上又连有一根钨丝，故旋转调节帽可使钨丝上下移动，指示铁上边缘所指示的温度与钨丝最下端所指示的温度大体相同。两个铂丝接点分别与电接点温度计下半部的水银和上半部的螺杆相连，由此二点引出导线接恒温控制器。

调节温度时，先调节指示铁至比所需温度低 1~2℃，当恒温槽槽温升高到此温度时，因水银膨胀与钨丝下端接触，立即发出信号给控制器使加热器停止加热；当槽温下降，水银收缩使水银面与钨丝断开，则发出信号给控制器使加热器重新加热。

3.1.3　控温技术

物质的物理、化学性质如蒸气压、表面张力、折射率等，以及物理化学常数如平衡常数、化学反应速率常数等都与温度有关，对这些物理参数的测定都需要恒温技术。

控制体系的温度一般有两种方法。一是利用物质的相变点温度来获得恒温，如液氮

（—195.9℃）、冰-水（0℃）、沸水（100℃）、$Na_2SO_4 \cdot 10H_2O$（32.28℃）等，将需要恒温的体系置于上述介质浴中，如果介质浴是高纯度的，则恒温的温度就是介质的相变温度，而不必另外精确标定，缺点是恒温温度不能随意调节。二是利用电子调节系统，对加热器或制冷器的工作状态进行自动调节，使体系处于设定的温度范围。第二种方法控温范围宽，可以任意调节设定温度。

3.1.3.1 恒温槽

恒温槽是实验室常用的一种以液体为介质的恒温装置。根据恒温的温度范围，可选择不同的液体介质。一般恒温槽的使用温度为 20～50℃，可用水作为恒温介质。若需要更高恒温温度，不超过 90℃时，可在水面上加少许白油以防止水的蒸发。90℃以上则可以选择甘油、液体石蜡或硅油作为恒温介质，更高温度的恒温则可采用空气浴、盐浴、金属浴等。对于低温的介质，主要靠一定配比的组分组成冷冻剂，并使其在低温建立相平衡。

有关恒温槽的具体介绍和使用可参见实验一"恒温槽的装配与性能测试"，下面介绍实验室经常使用的 SYP-Ⅱ型玻璃恒温水浴和超级恒温槽的使用方法。

(1) SYP-Ⅱ型玻璃恒温水浴

SYP-Ⅱ型玻璃恒温水浴采用 PID 技术（即比例-积分-微分温度控制），自动地按设置调整加热系统，恒温控制较为理想。系统主要由玻璃缸体和控温机箱组成，使用方法如下：

① 向玻璃缸内注入其容积 2/3～3/4 的自来水，水位高度大约 230mm，将温度传感器插入玻璃缸塑料盖预置孔内，另一端与控温机箱后面板传感器插座相连接。

② 用配备的电源线将 AC220V 与控温机箱后面板电源插座相连接。打开温度控制器电源开关，此时显示器和指示灯均有显示。其中实时温度显示为水温，置数指示灯亮。

③ 设置控制温度：按"工作/置数"键至置数灯亮。依次按"×10""×1""×0.1"键，设置"设定温度"的十位、个位及小数点后的数字，每按动一次，数码显示由 0～9 依次递增，直至调整到所需"设定温度"的数值。

④ 设置完毕，按"工作/置数"键，转换到工作状态，工作指示灯亮。根据实际控制温度需要，调节搅拌速度"快""慢"和加热器开关"强""弱"。一般升温过程中为使升温速度尽可能快，水浴内温度均匀，波动小，可将加热器功率置于"强"位置，搅拌速度置于"快"位置。当温度接近设定温度 2～3℃时，将加热器功率置于"弱"的位置，搅拌速度置于"慢"位置，以达到较为理想的控温目的。此时，实时温度显示窗口显示值为水浴的实时温度。当达到设置温度时，由 PID 调节，将水浴温度自动准确地控制在设定温度范围内。一般均可稳定、可靠地控制在设定温度的±0.1℃以内。注意：置数工作状态时，仪器不对加热器控制，即不加热。

⑤ 定时警报装置：需定时观测、记录，按"工作/置数"键至置数灯亮。用定时增、减键设置所需定时的时间，有效设置范围为 10～90s。报警工作时，定时递减，时间至零，蜂鸣器即鸣响 5s，而后，按设定时间循环反复报警。无需定时提醒功能时，只需将报警时间设置在 0s 即可。报警时间设置完毕，再按"工作/置数"键，系统自动切换工作状态，工作指示灯亮。

⑥ 工作完毕，关闭控制器电源开关。

(2) 超级恒温槽

超级恒温槽可控制水浴温度在设定温度的±0.02℃以内，其恒温原理和操作步骤与普通恒温槽相同，不同之处在于它有循环水泵，能将恒温槽中的恒温介质循环输送给所需的恒温体系，使之恒温，而不必将待恒温的系统浸入恒温槽中。部分超级恒温槽有冷水循环或制冷系统，可以设置恒温温度在室温以下，而普通恒温槽不能通过控温系统将已设置的水浴温度降温到指定温度，只能通过自然降温的方式或向水浴中添加较低温度的水来实现。

3.1.3.2 电炉和高温控制仪器

高温控制一般指250℃以上的温度控制，主要包括电阻电炉加热、电弧放电加热等。在实验室一般采用电阻电炉与相应仪表来调节与控制温度。其原理是电炉中的温度变化引起置于炉内的热敏元件（如热电偶）的物理性能发生变化，利用仪器构成的特定线路，产生信号，以控制继电器进而控制温度。

高温控制一般采用调流式自动控温手段，就是对负载（电阻丝）的电流进行自动调整，这种控温方式称为比例-积分-微分温度控制，即 PID 温度控制。当温度上升时，偏差信号（实际温度与设定温度的偏差）很大，加热电流也很大。随着不断加热升温，炉温接近指定温度时，偏差信号逐渐减少，加热电流也会按比例降低，这就是比例调节。但当体系温度升到设定值时，偏差为零，加热电流也为零，不能补偿体系与环境间的热损耗，这时需要加入积分调节，将前期的偏差信号进行累积，即使偏差信号非常微小，经过长时间的积累，仍能产生一个相当的加热电流，使体系和环境间保持热平衡。微分调节的作用，就是加热电流正比于偏差信号与时间的变化速率，使加热电流按照微分指数曲线降低，随着时间增加，加热电流逐渐降低，控制过程从微分调节过渡到比例积分调节。将三种调节使用相结合，提高了控温精度。

下面介绍金属相图实验装置。金属相图实验装置由 KWL-08 可控升降温电炉和 SWKY 数字控温仪组成，采用立式加热和内外控温系统一体化，有独立的加热和冷却系统，是金属相图实验的理想装置。配以软件也可实现金属相图曲线的自动绘制与打印。

(1) KWL-08 可控升降温电炉使用方法

① 采用"内控"系统控制温度的使用方法。

a. 将面板控制开关置于"内控"。

b. 将电炉面板开关置于"开"，接通电源，装有试样的试管插入炉膛内，将传感器插入试管内，调节"加热量调节"旋钮对炉子进行升温。

c. 炉温接近所需温度时，适当调节"加热量调节"旋钮，降低加热电压，使炉内升温趋缓，必要时开启"冷风量调节"使炉膛升温平缓，以保证达到所需温度时基本稳定，避免温度过冲，影响实验顺利进行。

d. 待试管内试剂完全熔化后，将"加热量调节"和"冷风量调节"旋钮旋到底，让试样自然降温。

e. 按下"工作/置数"键至置数灯亮。用定时增、减键设置所需定时的时间，有效设置范围为10~90s。报警工作时，定时递减，时间至零，蜂鸣器即鸣响2s，而后，按设定时间循环反复报警。

f. 实验完毕，打开"冷风量调节"，待温度显示接近室温时，关闭电源。

② 采用"外控"系统控制温度的使用方法，即用控温仪实现自动控温。

a. 按 SWKY 数字控温仪使用方法设置所需温度，将控温仪与 KWL-08 可控升降温电炉进行连接。使电炉面板"内控""外控"开关置于"外控"，按下控温仪"工作/置数"按钮，使之处于"工作"状态，即可实现理想控温。

建议在使用"外控"时，将"加热量调节""冷风量调节"旋钮旋到底，电炉电源开关置于"关"。

b. 采用SWKY数字控温仪控温时，由于试样料管内温度较炉膛内温度的滞后性，故当设置完成进行加热时，必须将温度传感器置于炉膛内。系统需降温时，再将温度传感器置于试样料管内。

c. 当温度达到设定温度时，必须恒温一段时间（恒温时间为20～30min）使管内样品完全融化。

d. 降温时，可按SWKY数字控温仪"工作/置数"按钮，使之处于"置数"状态，电炉电源开关置于"开"的位置，调节"冷风量调节"旋钮来控制降温速度（降温速度为5～8℃·min^{-1}，最好采用自然降温）。

（2）SWKY数字控温仪

SWKY数字控温仪面板如图3.8所示。使用方法如下。

① 将传感器、加热器连接线分别与后面板的"传感器插座""加热器电源"对应连接。将220V电源线接入后面板上的电源插座。将传感器插入被测物中。

② 打开电源开关，显示初始状态，实时温度显示一般是室温，设定温度为初始设置温度。置数指示灯亮。

③ 设置控制温度。按"工作/置数"键至置数灯亮。依次按"×100""×10""×1""×0.1"键，设置"设定温度"的百位、十位、个位及十分位，每按动一次，数码显示由0～9依次递增，直至调整到所需"设定温度"的数值。

④ 需定时观测、记录时，按"工作/置数"键至置数灯亮。用定时增、减键设置所需定时的时间，有效设置范围为10～90s。报警工作时，定时递减，时间至零，蜂鸣器即鸣响2s，而后，按设定时间循环反复报警。无需定时提醒功能时，只需将报警时间设置在0～9s即可。

⑤ 设置完毕，再按"工作/置数"键，转换到工作状态，工作指示灯亮。仪器进行加热。注意置数设置时，仪器不加热。

⑥ 使用结束后，关闭电源。

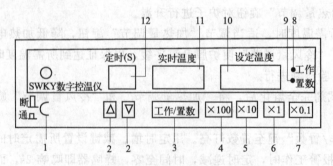

图3.8 SWKY数字控温仪面板示意图

1—电源开关；2—定时按钮设置；3—工作/置数转换按钮；4～7—设定温度调节按钮；8—工作状态指示灯；9—置数状态指示灯；10—设定温度显示窗口；11—实时温度显示窗口；12—定时显示窗口

3.2 压力测量技术与仪器

压力是描述体系状态的重要参数。许多物理、化学性质,如熔点、沸点、蒸气压都与压力有关。在化学热力学和化学动力学研究中,压力也是一个重要的因素。因此,正确掌握压力的测量技术具有重要的意义。

3.2.1 压力的表示方法

压力是均匀垂直作用于物体单位面积上的力,国际单位制(SI)中压力的单位是帕斯卡,简称"帕",单位符号为"Pa",1Pa 表示 1N 的力作用于 $1m^2$ 面积上的压力。

3.2.2 常用压力计

(1) 液柱式压力计

液柱式压力计是物理化学实验中常用的压力计。它结构简单,使用方便,能测量微小压力差。但是测量范围较小,示值与工作液密度有关,且结构不牢固,耐压程度较差。

液柱式 U 形管压力计由两端开口的垂直 U 形玻璃管及垂直放置的刻度标尺组成。管内盛有适量工作液体作为指示液,如图 3.9 所示。图中 U 形管的两支管分别连接两个测压口。气体的密度远小于工作液的密度,因此,由液面高度差 Δh 及工作液的密度 ρ、重力加速度 g 可以得到下式:

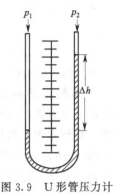

图 3.9 U 形管压力计工作原理

$$p_1 = p_2 + \Delta h \rho g \quad 或 \quad \Delta h = \frac{p_1 - p_2}{\rho g}$$

因此压力差 $p_1 - p_2$ 可用液面差 Δh 来度量。若将 U 形管的两端分别接入不同的被测体系,则可测得两个不同体系的压力差,若 U 形管的一端接入体系,另一端与大气相通,则可测得体系的压力与真空度。

(2) 弹簧管压力计

弹簧管压力计利用弹性元件的弹性力来测量压力,是测压仪表中相当重要的一种形式。由于弹性元件的结构和材料不同,它们具有各不相同的弹性位移与被测压力的关系。物理化学实验室中接触较多的为单管弹簧管式压力计。这种弹性压力计广泛用在压力釜的压力测量、高压钢瓶所用减压器上的压力指示。这种压力计的压力由弹簧管固定端进入,通过弹簧管自由端的位移带动指针运动,指示压力值,如图 3.10 所示。

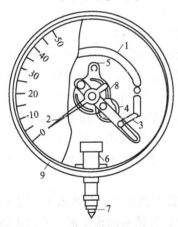

图 3.10 弹簧管压力计
1—金属弹簧管;2—指针;3—连杆;
4—扇形齿轮;5—弹簧;6—底座;
7—测压接头;8—小齿轮;9—外壳

使用弹性式压力计时应注意以下几点:

① 合理选择压力表量程。为了保证足够的测量精度,选择的量程应在仪表分度标尺的 1/2~3/4 范围内。

② 使用时环境温度不得超过 35℃，如超过应给予温度修正。
③ 测量压力时，压力表指针不应有跳动和停滞现象。
④ 应定期进行校验。

(3) 福廷 (Fortin) 式气压计

实验室常用的测量大气压力的仪器是福廷 (Fortin) 式气压计，福廷 (Fortin) 式气压计如图 3.11 所示。气压计的上部外层是一黄铜管，管内是长 90cm，内径为 6mm 的装有水银的玻璃管，玻璃管管内真空，上端封闭，下端插入气压计底部的水银槽内。气压计的下部外层由一黄铜管和一截玻璃筒构成，内部为一鞣性羚羊皮囊封袋，羚羊皮可使空气从皮孔出入而水银不会溢出。皮囊下部由调节螺丝支撑，转动螺丝可调节水银槽面的高低。水银槽上部有一倒置的固定象牙针，针尖是刻度标尺的零点。

福廷式气压计使用方法如下：
① 检查气压计是否垂直放置，需在垂直放置时才能读数。
② 旋转底部调节螺丝，仔细调节水银槽内水银面的高度，利用水银槽后面的白色板反光，仔细观察水银面与象牙针之间的空隙，直到水银面恰好与象牙针尖接触。
③ 转动游标尺调节螺丝，使游标尺升起，比水银面稍高，再慢慢转动螺丝使游标尺落下，直至游标尺与游标尺后面金属片的底边同时与水银面凸面相切，切点的两侧露出三角形的小孔隙。
④ 读数时，观察游标尺零线在标尺的位置，如恰好与标尺上某一刻度对齐，则刻度数即为气压计读数。如果游标尺零线在标尺的两刻度之间，则整数部分是小刻度数值，再由游标上的刻度确定小数部分。读小数部分时，从游标尺上找出一根恰好与标

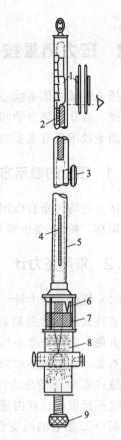

图 3.11 福廷式气压计
1—游标尺；2—黄铜管标尺；
3—游标尺调节螺丝；4—温度计；
5—黄铜管；6—象牙针；
7—水银槽；8—羚羊皮囊；
9—调节螺丝

尺上某一分度线吻合的刻度线，则该游标尺上的刻度即为小数部分的读数。
⑤ 读数后旋转底部螺丝，使水银面与象牙针脱离接触，同时记录温度和气压计仪器校正值。

注意：调节游标尺调节螺丝时动作要缓慢。在调节游标尺与水银柱凸面相切时，应使眼睛的位置与游标尺下沿在同一水平线上。在旋转底部螺丝时，水银柱凸面凸出较多，下降时凸面凸出少些，因此在旋转螺丝时，压迫轻弹一下黄铜外管的上部，使凸面凸出正常。

气压计的读数与温度、纬度和海拔高度等有关。水银气压计的刻度是以温度为 0℃，纬度为 45°的海平面高度为标准的。因此实际测得的值除应校正仪器误差外，还需进行温度、纬度和海拔高度的校正。

① 仪器校正。气压计本身不够精确，出厂时都附有仪器误差校正卡。每次观察气压读数，应根据该卡首先进行校正。若仪器校正值为正值，则将气压计读数加校正值，若校正值为负值，则将气压计读数减去校正值的绝对值。

② 温度校正。温度的变化会引起水银密度的变化，同时黄铜管本身的热胀冷缩也会影响刻度准确性。随着温度的改变，由于水银的体积膨胀系数大于黄铜管的线性膨胀系数，因此当温度高于 0℃时，气压计读数要减去温度校正值，而当温度低于 0℃时，气压计读数要

加上温度校正值。

温度校正值按下式计算：

$$p_0 = p - \frac{(\alpha-\beta)pt}{1+\alpha t} = p - \frac{0.000163pt}{1+0.0001818t}$$

式中，p 为 t℃时气压计读数；p_0 为读数校正到 0℃时的数值；t 为测量时温度，℃；α 为水银在 0～35℃之间的平均体积膨胀系数，$1.818×10^{-4}$/℃；β 为黄铜管的线性膨胀系数，$1.84×10^{-5}$/℃。

为了使用方便，常用温度校正值列成表（见表 3.2），如果测量温度 t 及气压 p 不是整数，使用该表时可采用内插法，也可用上面的公式计算。

表 3.2　气压计温度校正值

温度/℃	986hPa	100hPa	1013hPa	1026hPa	1040hPa
0	0.00	0.00	0.00	0.00	0.00
1	0.12	0.12	0.12	0.13	0.13
2	0.24	0.25	0.25	0.25	0.15
3	0.36	0.37	0.37	0.38	0.38
4	0.48	0.49	0.50	0.50	0.51
5	0.60	0.61	0.62	0.63	0.64
6	0.72	0.73	0.74	0.75	0.76
7	0.85	0.86	0.87	0.88	0.89
8	0.97	0.98	0.99	1.01	1.02
9	1.09	1.10	1.12	1.13	1.15
10	1.21	1.22	1.24	1.26	1.27
11	1.33	1.35	1.36	1.38	1.40
12	1.45	1.47	1.49	1.51	1.53
13	1.57	1.59	1.61	1.63	1.65
14	1.69	1.71	1.73	1.76	1.78
15	1.81	1.83	1.86	1.88	1.91
16	1.93	1.96	1.98	2.01	2.03
17	2.05	2.08	2.10	2.13	2.16
18	2.17	2.20	2.23	2.26	2.29
19	2.29	2.32	2.35	2.38	2.41
20	2.41	2.44	2.47	2.51	2.54
21	2.53	2.56	2.60	2.63	2.67
22	2.65	2.69	2.72	2.76	2.79
23	2.77	2.81	2.84	2.88	2.92
24	2.89	2.93	2.97	3.01	3.05
25	3.01	3.05	3.09	3.13	3.17
26	3.13	3.17	3.21	3.26	3.30
27	3.25	3.29	3.34	3.38	3.42
28	3.37	3.41	3.46	3.51	3.55
29	3.49	3.54	3.58	3.63	3.68
30	3.61	3.66	3.71	3.75	3.80
31	3.73	3.78	3.83	3.88	3.93
32	3.85	3.90	3.95	4.00	4.05
33	3.97	4.02	4.07	4.13	4.18
34	4.09	4.14	4.20	4.25	4.31
35	4.21	4.26	4.32	4.38	4.43

③ 重力矫正。重力加速度随海拔高度 H 和纬度 φ 而改变，即气压计的读数受 H 和 φ 的影响。经温度和仪器误差矫正后的数值再乘以 $[1-0.026\cos(2\varphi)-3.1×10^{-7}H]$。一般情况下，纬度和海拔高度校正值较小，可以忽略不计。

④ 其他项目矫正。液体压力计最常用的工作液体是汞和水，由于表面张力引起毛细管作用。这种毛细管作用的修正量与管径 d 有近似关系。当用汞作工作液体时，读数值加上 $14/d$；当用水作工作液体时，则应是读数值减去 $4 \times 30/d$。因毛细管作用矫正引起的误差较小，一般可不考虑。

3.2.3 气体钢瓶减压阀

物理化学实验中常用到氧气、氮气、氢气、氩气等气体。这些气体一般都储存在专用的高压气体钢瓶中，使用时通过减压阀使气体压力降至实验所需范围，再经过其它控制阀门细调，使气体输入使用系统。

(1) 气体钢瓶的使用注意事项

① 在气体钢瓶使用前，要按照钢瓶外表的油漆颜色、字样等正确识别气体的种类，切勿误用以免造成事故。我国气体钢瓶常用的标记见表3.3。

② 钢瓶应存放在阴凉、干燥、远离热源的地方。可燃性气瓶应与氧气瓶分开存放。气体钢瓶存放或使用时要固定好，防止滚动或跌倒。

③ 严禁油脂等有机物沾污氧气钢瓶，因为油脂遇到逸出的氧气就可能燃烧，如已有油脂沾污，则应立即用四氯化碳洗净。氢气、氧气或可燃气体钢瓶严禁靠近明火。

④ 存放氢气钢瓶或其它可燃性气体钢瓶的房间应注意通风，以免漏出的氢气或可燃性气体与空气混合后遇到火种发生爆炸。室内的照明灯及通风装置均应防爆。

⑤ 开启高压气瓶时，操作者须站在气瓶出气口的侧面，气瓶应直立，然后缓缓旋开阀门，不能猛开。气体必须经减压阀减压，不得直接放气。

⑥ 高压气瓶上选用的减压阀要专用，可燃性气瓶（如 H_2、C_2H_2）气门螺丝为反丝；不燃性或助燃性气瓶（如 N_2、O_2）为正丝。各种压力表不可混用。

⑦ 气瓶内气体不得全部用尽，剩余残压。即余压一般应为 0.2MPa 左右，至少不得低于 0.05MPa。

⑧ 使用中的气瓶每三年应检查一次，装腐蚀性气体的钢瓶每两年检查一次，不合格的气瓶不可继续使用。气瓶在使用过程中，如发现有严重腐蚀或其他严重损伤，应提前进行检验。盛装剧毒或高毒介质的气瓶，在定期技术检验的同时，还应进行气密性试验。

表3.3 我国气体钢瓶常用的标记

气体类别	瓶身颜色	标字颜色	字样
氮气	黑	白	氮
氧气	淡蓝	黑	氧
氢气	淡绿	大红	氢
空气	黑	白	空气
二氧化碳	铝白	黑	液化二氧化碳
氦	银灰	深绿	液氦
氨	淡黄	黑	液氨
氯	深绿	白	液氯
乙炔	白	大红	乙炔 不可近火
液化石油气	银灰	大红	液化石油气
氩	银灰	深绿	氩

(2) 氧气减压阀的工作原理

氧气减压阀的外观及工作原理见图 3.12 和图 3.13。

氧气减压阀的高压腔与钢瓶连接，低压腔为气体出口，通往使用系统。高压表的示值为钢瓶内储存气体的压力。低压表的出口压力可由调节螺杆控制。

使用时首先打开钢瓶开关，然后顺时针转动低压表压力调节螺杆，它就压缩主弹簧并传动薄膜、弹簧垫块和顶杆而使活门离开阀座。这样进口的高压气体由高压室经活门和阀座的节流间隙减压后进入低压室，并经出口通往工作系统。转动调节螺杆，改变活门开启的高度来调节高压气体的通过量并达到所需的压力值。充氧完毕后，逆时针旋松旋转螺杆，关闭钢瓶开关。再顺时针旋紧旋转螺杆放尽余气后，旋松旋转螺杆，使高、低压表头恢复原状。

减压阀都装有安全阀，它既是保护减压阀安全使用的卸压装置，也是减压阀出现故障时的信号装置。当由于活门密封垫、活门损坏或其它原因而导致出口压力自行上升并超过最大输出压力的 1.15 倍至 1.5 倍时，安全阀会自动打开排气，当压力降低到许可值时则会自动关闭。

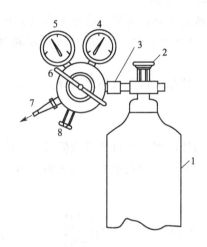

图 3.12 安装在气体钢瓶上的氧气减压阀示意图
1—钢瓶；2—钢瓶开关；3—钢瓶与减压表连接螺母；
4—高压表；5—低压表；6—低压表压力调节螺杆；
7—出口；8—安全阀

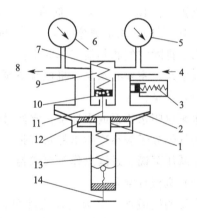

图 3.13 氧气减压阀工作原理示意图
1—弹簧垫块；2—传动薄膜；3—安全阀；4—进口（接气体钢瓶）；5—高压表；6—低压表；7—压缩弹簧；8—出口（接使用系统）；9—高压气室；10—活门；11—低压气室；12—顶杆；13—主弹簧；14—低压表压力调节螺杆

(3) 氧气减压阀的使用方法

① 按使用要求的不同，氧气减压阀有不同规格。最高进口压力一般为 15MPa，最低进口压力不小于出口压力的 2.5 倍。出口压力规格较多，一般为 0～0.4MPa，最高出口压力为 4MPa。

② 安装减压阀时，应确定其连接规格是否与钢瓶和使用系统的接头一致。减压阀与钢瓶采用半球面连接，靠旋紧螺母使二者完全吻合。因此，在使用时应保持两个半球面的光洁，以确保良好的气密效果。安装前可用高压气体吹除灰尘。必要时也可用聚四氟乙烯等材料作为垫圈。

③ 氧气减压阀严禁接触油脂，以免发生火灾。

④ 停止工作时，应将减压阀中余气放净，然后拧松调节螺杆以免弹性元件长久受压

变形。

⑤ 减压阀应避免撞击振动,不可与腐蚀性物质相接触。

(4) 其它气体减压阀

有些气体,例如氮气、空气、氩气等永久性气体,可以采用氧气减压阀。但还有一些气体,如氨等腐蚀性气体,则需要专用减压阀。市面上常见的有氮气、空气、氢气、氨、乙炔、丙烷、水蒸气等专用减压阀。

这些减压阀的使用方法及注意事项与氧气减压阀基本相同。但还应该指出:第一,专用减压阀一般不用于其他气体;第二,有些专用减压阀采用特殊连接口,例如氢气采用左牙纹,也称反向螺纹,安装时要特别注意。

3.2.4 真空的测量与技术

真空是指低于标准压力的稀薄气体的状态。真空状态下气体稀薄程度,常以压力(单位为 Pa)来表示,习惯上称为真空度。气体的压力越低,表示真空度越高。

在物理化学实验中,通常按真空的获得和测量方法的不同,将真空度划分为以下五个区域。粗真空:$10^5 \sim 10^3$ Pa;低真空:$10^3 \sim 10^{-1}$ Pa;高真空:$10^{-1} \sim 10^{-6}$ Pa;超高真空:$10^{-6} \sim 10^{-10}$ Pa;极高真空:$<10^{-10}$ Pa。

为了排除空气和其他气体的干扰,首先要将干扰气体抽去,使气体压力降低,这类装置称为真空泵,主要有水泵、机械真空泵、扩散泵等。

(1) 水泵

水泵也叫水流泵或水冲泵。水经过收缩的喷口以高速喷出,喷口处形成低压,使体系中进入的气体分子被高速喷出的水流带走。水泵能达到的真空度受到水的蒸气压的限制,一般适用于减压蒸馏、过滤操作等要求粗真空度的场合。

(2) 机械真空泵

常用的机械真空泵为旋片式油泵,它由泵体、转子和旋片组成,如图 3.14 所示。实验系统中的气体从进气嘴被抽入泵中,随着电动机带动的偏心转子旋转,带动紧贴腔壁的旋片旋转,旋片使进气腔容积周期性地扩大而吸气,排气腔容积则周期性缩小而压缩气体,推开排气阀排气,如此循环往复,从而获得真空。实际使用的机械泵为由上述两个单元串联而成的双级泵,极限真空达 1.333×10^{-2} Pa。整个单元都浸在真空油中,这种油的蒸气压较低,既起到润滑作用,又起到封闭微小的漏气和冷却机件的作用。

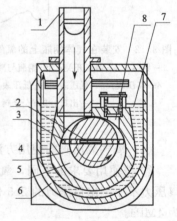

图 3.14 旋片式真空泵
1—进气嘴;2—旋片弹簧;3—旋片;
4—转子;5—泵体;6—油箱;
7—真空泵油;8—排气嘴

使用机械泵时应注意:

① 机械泵不能直接抽含可凝性气体的蒸气(如水蒸气)、挥发性液体和腐蚀性气体等。应在体系和泵的进气管间串联吸收塔或冷凝器,以除去上述气体。例如,用无水氯化钙、分子筛等吸收水分;用装氢氧化钠固体的吸收瓶吸收含腐蚀性成分的气体;用石蜡油吸收有机蒸气;用活性炭或硅胶吸收其它蒸气。

② 电动机带动油泵正常运转时电动机温度不能超过 50~60 ℃,不应有摩擦、金属碰击

等异声。

③ 机械泵的进气口前应安装一个三通活塞。停止抽气时应使机械泵与抽真空系统隔开而与大气相通，然后再关闭电源，避免泵油倒吸。

（3）扩散泵

扩散泵利用工作介质高速从喷口处喷出，在喷口处形成低压，对周围气体产生抽吸作用而将气体带走，其极限真空度可达 10^{-7}Pa。按工作介质可分为汞扩散泵和油扩散泵两种。由于油扩散泵中的油蒸气压低、无毒、分子量高等特点，所以实验室常用油扩散泵。用电炉将硅油加热沸腾后，油蒸气通过中心导管从顶部喷口高速喷出，在喷口处形成低压，周围气体被抽吸，被油蒸气夹带向下，聚集在泵的底部，立即被机械泵抽走。油蒸气碰到经水冷却的泵壁而凝结，流回泵底，重复使用。如此反复，系统内气体不断被浓缩而抽出，系统达到较高的真空度。

油扩散泵必须以机械泵作为前级泵，预先抽气使系统压力抽至 1.3Pa，才能开动扩散泵工作。扩散泵开始工作时，先接通冷却水，将电炉加热，使硅油沸腾，直至油沸腾正常回流。关闭泵时，首先断开电路电源，待油停止沸腾、不再回流时再关闭冷却水，关闭扩散泵进出口旋塞，通大气后关闭电源，最后关机械泵。

真空的测量实际上就是测量低压下气体的压力，常用的测压仪器有 U 形管水银压力计、麦氏真空规、热偶真空规、电离真空规和数字式低真空压力测试仪等。

粗真空的测量一般用 U 形管水银压力计，对于较高真空度的系统使用真空规。真空规分为绝对真空规和相对真空规两种。麦氏真空规称为绝对真空规，即真空度可以用测量到的物理量直接计算而得。而其它如热偶真空规、电离真空规等均称为相对真空规，测得的物理量只能经绝对真空规（如麦氏真空规）校正后才能指示相应的真空度。热偶真空规适用于测量 $10 \sim 10^{-1}$Pa 低真空范围的压力，电离真空规适用于测量 $10^{-1} \sim 10^{-6}$Pa 高真空范围的压力。

目前实验室中测量粗真空的水银压力计已被数字式数字压力计取代，采用数字显示被测压力量值，可用于测量表压、差压和绝压，具有高精度、高可靠性、高稳定性、显示直观清晰、操作简便等优点而得到广泛应用。DP-AF 精密数字压力计适用于负压（$0 \sim -100$kPa）测量，使用方法如下。

① 准备工作。用 5mm 内径的真空橡胶管将仪器后盖板压力接口与被测系统连接；将后盖板的电源线接入 220V 电网；接通电源，按下电源开关，预热 5min 即可正常工作。

② 当接通电源后，初始状态为"kPa"指示灯亮，显示以 kPa 为计量单位的零压力值；按下"单位键"，"mmHg"指示灯亮，则显示以 mmHg 为计量单位的零压力值，通常情况下选择 kPa 为压力单位。

③ 当系统与外界处于等压状态时，按一下"采零"键，使仪表自动扣除传感器零压力值（零点漂移），显示器为"00.00"，此时系统和外界的压力差为零。当系统压力降低时，则显示为负压力数值，将外界压力加上该负压力数值即为系统内的实际压力。如显示值为 -14.00kPa，大气压为 p_0，则测量系统的压力值为 $p_0 + (-14.00$kPa$)$。

④ 当实验结束后，将被测系统泄压至"00.00"，电源开关置于关闭状态。

3.3 电化学测量技术与仪器

电化学测量技术是物理化学实验的重要组成部分，常用来测量电解质溶液的热力学函数，如电导率、离子迁移数和活度系数等；测量氧化还原体系中如电极电势、pH 值、焓变、熵变等；测量电极过程动力学参数，如反应速率常数等。这里简要介绍电导和电动势的测量技术。

3.3.1 电导的测量

电解质溶液的电导同金属的电导一样，被定义为电阻的倒数，是电化学中一个重要的参量。电导反映了电解质溶液中离子的状态和行为，在稀溶液中电导与离子浓度之间呈简单的线性关系，因而被广泛应用于分析化学和化学动力学过程的测试中。

电导值的测量实际是测量电阻，然后再通过计算得出相应的电导值。实验室中常用的仪器是电导仪或电导率仪。

导体导电能力的大小，通常以电阻 R 或电导 G 表示，电导为电阻的倒数 $G=\dfrac{1}{R}$，电阻的单位为欧姆（Ω），电导的单位为西门子（S）。

同金属导体一样，电解质溶液的电阻也符合欧姆定律。温度一定时，两极间溶液的电阻与两极间的距离 L 成正比，与电极面积 A 成反比。

$$R \propto \dfrac{L}{A} 或 R = \rho \dfrac{L}{A}$$

式中，ρ 为电阻率，它的倒数称为电导率，以 κ 表示。

将 $R=\rho\dfrac{L}{A}$、$\kappa=\dfrac{1}{\rho}$ 代入 $G=\dfrac{1}{R}$ 中，则可得

$$G = \kappa \dfrac{A}{L} 或 \kappa = \dfrac{L}{A} \cdot G$$

电导率 κ 表示在相距 1m、电极面积为 $1m^2$ 的两个电极之间溶液的电导，单位为 $S \cdot m^{-1}$，L/A 称为电极常数或电导池常数，因为在电导池中，所用的电极距离和面积是一定的，所以对某一电极来说，L/A 为常数，由电极标出。

摩尔电导率 Λ_m 是在相距 1m、电极面积为 $1m^2$ 的两个平行电极之间，放置含有 1mol 电解质的溶液的电导，与浓度 c 的关系如下：

$$\Lambda_m = \dfrac{\kappa}{c}$$

摩尔电导率 Λ_m 的单位为 $S \cdot m^2 \cdot mol^{-1}$。摩尔电导率的数值通常是通过测定溶液的电导率，用上式计算得到的。

电导率仪的测量原理：由振荡器产生的交流电压加到电导池的电极上，经放大器放大、检波电路变换为直流电压，经集成 A/D 转化器转换为数字信号，将测量结果用数字显示出来，如图 3.15 所示。

SLDS-Ⅰ型电导率仪采用低压变频设计，测量准确度高，稳定性好，使用方便，测量范围广，可以测定一般液体和高纯水的电导率，操作简便，可以直接从表上读取数据，并有 0～10mV 信号输出，具有溶液温度补偿功能及电极常数补偿功能。SLDS-Ⅰ型电导率仪操作面板图如图 3.16 所示。

使用步骤如下所示：

（1）将电极插头及温度传感器插头插入相应插座，将温度传感器置于对应的被测环境

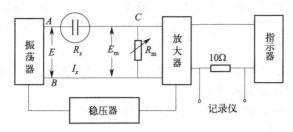

图 3.15 电导率仪测量原理图

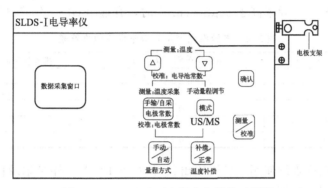

图 3.16 SLDS-Ⅰ型电导率仪操作面板图

中,接通仪器电源,预热 15min。

(2) 如测量溶液实时温度下的电导率,则无需温度补偿,仪器将自动测量出溶液相对应的电导率。当需测量标准温度(25℃时),可使用自动或手动温度补偿功能。自动操作步骤如下:按"补偿/正常"键,使数据采集窗口显示"温补",此时仪器自动采集实时温度,测量出补偿后的电导率。

(3) 按"测量/校准"键时,使数据采集窗口转换到校准状态。

① 如测量值误差较大,则需校准"US""MS":按"模式"键,切换至"US",测量值显示为"未存",待"US"值稳定后,按"确认"键,此时"US"值显示"已存",表示已将数据存入。再按"模式"键,切换至"MS",按上述方法,校准"MS"值。

② 如需修改电极常数时,按下"手输/自采/电极常数"键,显示窗口第三行数字显示"未存",修改后按"确认"键,显示"已存"。

③ 如需修改电导池常数时,按下△▽键,显示窗口第二行数字显示"未存",修改后按"确认"键,显示"已存"。

④ 数据修改完成后再按"测量/校准"键,使数据采集窗口转换到测量状态,此时可以进行测量。

注意:仪器出厂时数据已经存储过,无需再操作。此步骤只有在更换电极时才需操作。

(4) 量程选择。测量时一般采用自动选择量程,按下"手动/自动"键,可进行手动与自动切换。

(5) 按"测量/校准"键,使仪器处于测量状态。电极用蒸馏水冲洗干净后,用滤纸吸干电极表面残余的水。使用铂黑电极时,切忌擦及铂黑,以免铂黑脱落,引起电极常数的变化。然后用待测溶液淋洗三次后进行测定。待显示值稳定后,该数值即为待测溶液在该温度下的电导率值。测量中,若显示屏显示"OUL",表示被测值超出测量范围,在量程选择为自动模式下,仪器将自动切换高一挡的量程来测量。若读数很小,仪器自动切换到低一挡量程,以提高精度。测定完毕后,电极用蒸馏水清洗干净并放入保护瓶中保存,关闭电源开关。

(6) 若被测溶液的电导率高于 $20mS \cdot cm^{-1}$ 时,应选择 DJS-10 电极,此时量程范围可扩大至 $200mS \cdot cm^{-1}$,显示数须乘以 10。

测量纯水或高纯水时,宜选 0.01 常数的电极,被测值=显示数×0.01。也可用 DJS-0.1 电极,被测值=显示数×0.1。

电导率范围及对应电极常数推荐表见表 3.4。被测液的电导率低于 $30\mu S \cdot cm^{-1}$ 时,宜选用 DJS-1 光亮电极。电导率高于 $30\mu S \cdot cm^{-1}$ 时,宜选用 DJS-1 铂黑电极。

表 3.4 电导率范围及对应电极常数推荐表

溶液电导率/($\mu S \cdot cm^{-1}$)	电阻率范围/($\Omega \cdot cm$)	推荐使用的电极常数/cm^{-1}
0.05~2	$20 \times 10^6 \sim 500 \times 10^3$	0.01,0.1
2~200	$500 \times 10^3 \sim 5 \times 10^3$	0.1,1.0
200~2000	$5 \times 10^3 \sim 500$	1.0
2000~20000	500~50	1.0,10
20000~2×10^5	50~5	10

(7) 仪器可长时间连续使用,可用输出信号(0~10mV)外接记录仪连续监测,也可选配串口,由电脑显示监测。

注意事项如下:

(1) 仪器设置的溶液温度系数为 2%,与此系数不符合的溶液使用温度补偿器将会产生一定的误差,为此可把"温度"置于 25℃,所得读数为被测溶液在测量温度下的电导率。

(2) 测量高纯水时,盛入容器后要迅速测定,防止空气中 CO_2 等气体溶入水中,电导率迅速增大。

(3) 电极插头、插座不能受潮。盛放被测液的容器须清洁。

(4) 电极使用前、后都应清洗干净。

3.3.2 原电池电动势的测量

原电池电动势的测量必须在可逆条件下进行。可逆条件要求电池的电极反应可逆、测量电池电动势时通过的电流为无限小。为此,在待测原电池上外加一个方向相反但数值相等的电动势,以补偿法测其电动势。电位差计是根据补偿法测量原理而设计的一种平衡式电压测定仪器,下面介绍 UJ-25 型电位差计和 SDC-Ⅱ型数字电位差计的原理及使用方法。

3.3.2.1 UJ-25 型电位差计

UJ-25 型电位差计适用于测量内阻较大的电源电动势,它与标准电池和检流计等配合使用,测量结果稳定、可靠,而且有很高的准确度。

(1) 测量原理

图 3.17 是补偿法测量电动势原理示意图。图中 R 是调节工作电流的变阻器;R_N 为标准电池电动势补偿电阻,根据工作电流选择;R_X 为待测电池电动势补偿电阻,由已知电阻值的各进位盘组成,可以调节 R_X 的数值,使其电压降与 E_X 相补偿。

从图 3.17 可知电位差计由三个回路组成：工作电流回路、标准回路和测量回路。

① 工作电流回路，也叫电源回路。从工作电源 E_W 正极开始，经电阻 R_N、R_X，再经工作电流调节电阻 R，回到工作电源负极。其作用是借助于调节 R 在补偿电阻上产生一定的电位降。

② 标准回路，也叫校准回路。从标准电池的正极开始（当换向开关 K 扳向"1"一方时），经电阻 R_N，再经检流计 G 回到标准电池负极。其作用是校准工作电流回路以标定 R_N 上的电位降。通过调节 R 使 G 中电流为零，此时 R_N 产生的电位降与标准电池的电动势 E_N 相补偿，也就是说大小相等而方向相反。校准后的工作电流 I_W 为某一定值，即 $I_W = E_N/R_N$。

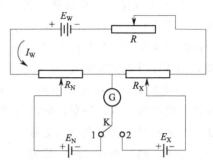

图 3.17 补偿法测量原理示意图

E_W—工作电源；E_N—标准电池；E_X—待测电池；
R—调节电阻；R_X—待测电池电动势补偿电阻；
K—转换电键；R_N—标准电池电动势补偿电阻；
G—检流计

③ 测量回路。从待测电池的正极开始（当换向开关 K 扳向"2"一方时），经检流计 G 再经电阻 R_X，回到待测电池负极。它的作用是用标定好的 R_X 的电位降测量待测电池的电动势。在保证校准后的工作电流 I_W 不变，即固定 R 的条件下，调节电阻 R_X，使得 G 中电流为零。此时 R_X 产生的电位降与待测电池的电动势 E_X 相补偿，即 $E_X = I_W \cdot R_X$，则 $E_X = (R_X/R_N) \cdot E_N$。

所以当标准电池电动势 E_N 和标准电池电动势补偿电阻 R_N 数值确定时，只要测出待测电池电动势补偿电阻 R_X 的数值，就能测出来待测电池电动势 E_X。

从以上工作原理可见，用直流电位差计测量电动势时，有两个明显的优点：

① 不需要测量出 I_W 的数值，只要测定 R_X 与 R_N 的比值即可。

② 当完全补偿时，回路里没有电流通过，表明测量时没有改变被测对象的状态，因此在被测电池的内部没有电压降，测得的结果是被测电池的电动势，而不是端电压。

③ 被测电动势 E_X 的准确性依赖于标准电池电动势 E_N 和电阻 R_N、R_X，由于标准电池的电动势的值十分准确，并且具有高度的稳定性，而电阻元件制造精度较高，所以当检流计的灵敏度很高时，用电位差计测量的准确度就非常高。

(2) 使用方法

UJ-25 型电位差计面板如图 3.18 所示。

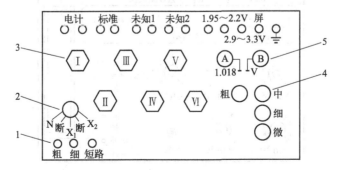

图 3.18 UJ-25 型电位差计面板图

1—电计按钮（共 3 个）；2—转换开关；3—电势测量旋钮（共 6 个）；
4—工作电流调节旋钮（共 4 个）；5—标准电池温度补偿旋钮

① 连接线路。先将转换开关 2 放在"断"的位置，并将三个电计按钮 1（粗、细、短路）全部松开，然后依次将检流计、标准电池、被测电池以及工作电源分别接在"电计""标准""未知 1"或"未知 2"（任选其中一组）及"电源"接线柱上，注意正负极不能接错，检流计没有极性的要求。

② 电位差计的标定，即调节工作电流。调节标准电池温度补偿旋钮 5，使其读数与标准电池的电动势一致。注意，标准电池的电动势受温度的影响发生变化，使用时应进行温度校正。将转换开关 2 放在 N（标准）位置上，按"粗"按钮，调节工作电流调节旋钮 4，使检流计示零。然后再按"细"按钮，再次调节工作电流，使检流计示零。此时工作电流调节完毕。注意按电计按钮时，不能长时间按住不放，需要"按"和"松"交替进行。

③ 测量未知电动势。将转换开关 2 放在"X1""X2"的位置，按下"粗"按钮，由左向右依次调节六个测量旋钮，使检流计示零。然后再按下"细"按钮，重复以上操作使检流计示零。读出六个旋钮的示数总和即为被测电池的电动势。

(3) 注意事项

① 测量过程中，若发现检流计受到冲击，应迅速按下短路按钮，以保护检流计。

② 由于工作电源的电压会发生变化，故在测量过程中要经常标定电位差计。另外，新制备的电池电动势也不够稳定，应隔数分钟测一次，最后取平均值。

③ 测定时，电计按钮按下的时间应尽量短，以防止电流通过而改变电极表面的平衡状态。

④ 若在测定过程中，数字检流计一直升高或降低，找不到平衡点，这可能是由被测电池或标准电池、工作电池的正负极接反、工作电流回路断路、工作电源电压输出值偏离规定值较多等原因引起的，应该进行检查。

3.3.2.2 SDC-Ⅱ型数字电位差计

SDC-Ⅱ型数字电位差计将 UJ-25 型电位差计和与之配套的标准电池、检流计等设备集成一体，采用补偿法测量原理测定原电池的电动势。仪器实现了数字电位显示和数字检零，保留电位差计测量结构，既可使用内部基准，又可采用外标准电池对比检测，校验方便灵活。图 3.19 为 SDC-Ⅱ型数字电位差计面板示意图。

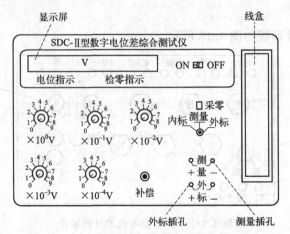

图 3.19 SDC-Ⅱ型数字电位差计面板示意图

(1) 使用方法

① 将仪器与 220V 交流电源连接，打开电源开关，预热 15min。

② 用测试线将被测电池的"＋""－"极性与面板"测量"插孔连接好。

③ 采用"内标"校验时，将"测量选择"置于"内标"位置，调节"×10^0V"位旋钮置于"1"，"补偿"旋钮逆时针旋到底，其他旋钮置于"0"，此时"电位指示"显示"1.00000"V。待"检零指示"显示数稳定后，按一下"采零"键，此时，检零指示应显示"0000"。

④ 采用"外标"校验时，将"测量选择"置于"外标"位置，将外标电池的"＋""－"极性与面板"外标"插孔连接好。调节"×10^0V~×10^{-4}V"五个旋钮和"补偿"旋钮使此时"电位指示"显示的数值与外标电池数值相同。（通常外标电池应进行温度校验，否则将影响精度）。待"检零指示"显示数稳定后，按一下"采零"键，此时，检零指示应显示"0000"。

⑤ 将"测量选择"置于"测量"。调节"×10^0V~×10^{-4}V"五个旋钮，使"检零指示"显示数值为负且绝对值最小。调节"补偿"旋钮，使检零指示显示"0000"，此时"电位指示"数值即为被测电池的电动势值。

(2) 注意事项

① 仪器不要放置在有强电磁场干扰的区域内，不宜放置在高温环境，避免靠近发热源。

② 如仪器正常通电后无显示，请检查后面板上的保险丝（0.2A）。

③ 测量过程中，若"检零指示"显示溢出符号"OU.L"，说明"电位指示"显示的数值与被测电动势相差较大。

3.3.2.3 检流计

检流计主要用作电桥的平衡检测、电位差计的指零仪，以及微弱电流、电压的测量。

(1) 原理与构造

DA-1 型数字检流计见图 3.20。由高阻抗运算放大器组成电流-电压变换器测量弱电流信号，具有输入阻抗低、灵敏度高、温度漂移小、线性好、结构牢固的优点；由三位半数字电压表显示电流值，读数方便快捷。

图 3.20 DA-1 型数字检流计

(2) DA-1 型数字检流计的使用方法

① 用导线将"检流输入"接线柱与电位差计"电计"接线柱接通，"稳压输出"接线柱与电位差计"电源"接线柱接通。

② 稳压电源输出调节至 3.0V，电流选择选择"2μA"挡。接通电源。

③ 电流显示溢出时显示"1"或"－1"；须选择量程较大的电流挡。

④ 在测量中如果电流数字剧烈摇晃，可按电位差计短路键，使其停止。

(3) 注意事项

① 数字检流计属于精密仪器，使用时要严格防止过大电流通过，以免损坏仪器。

② 使用时应避免靠近电磁干扰源，必要时可采取接地、屏蔽和防震措施。

③ 使用时为了避免正负连线因温度不平衡而产生温差电动势（如用手接触夹头某一端），引起零位漂移或读数误差，在正式测量前应使环境和系统的温度充分平衡，避免让仪器及各连线的连接端靠近冷热源。

3.3.2.4 盐桥

当原电池含有两种电解质界面时，因离子迁移率不同，产生不可逆扩散，在液接界面上会产生电势差，这个电势差称为液体接界电势。一般采用盐桥减小液接电势。盐桥是充满盐溶液的玻璃管，管的两端分别插入两种互不接触的电解质溶液，使其导通。

盐桥溶液一般采用正、负离子迁移速率相近的饱和盐溶液，比如饱和氯化钾溶液等。这样当饱和盐溶液与另一种较稀溶液相接时，主要是盐桥溶液向稀溶液扩散，从而减小了液接电势。

盐桥溶液除了 KCl 外，也可用其他正、负迁移数相近的盐类，如 KNO_3、NH_4NO_3 等，盐桥溶液不能与两端电池溶液产生反应。如果实验中使用 $AgNO_3$ 溶液，则盐桥溶液就不能用 KCl 溶液，因为 Ag^+ 会与 Cl^- 发生反应生成 AgCl，此时选择 KNO_3 或 NH_4NO_3 溶液较为合适。

3.3.2.5 标准电池

标准电池是电化学实验中的基本校验仪器之一，其构造如图 3.21 所示。电池由一 H 形管构成，负极为含镉 12.5% 的镉汞齐，正极为汞和硫酸亚汞的糊状物，在镉汞齐和糊状物上面均放有硫酸镉的晶体及其饱和溶液，顶端加以密封。其电池反应为：

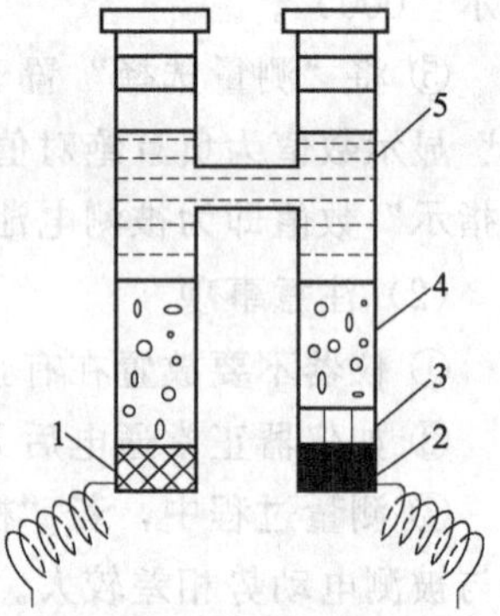

负极：$Cd(汞齐) \longrightarrow Cd^{2+} + 2e^-$

正极：$Hg_2SO_4(s) + 2e^- \longrightarrow 2Hg(l) + SO_4^{2-}$

图 3.21 标准电池
1—含镉 12.5% 的镉汞齐；2—汞；
3—硫酸亚汞的糊状物；
4—硫酸镉晶体；5—硫酸镉饱和溶液

电池反应：$Cd(汞齐) + Hg_2SO_4(s) + \frac{8}{3}H_2O \Longleftrightarrow 2Hg(l) + CdSO_4 \cdot \frac{8}{3}H_2O$

标准电池的电动势很稳定，重现性好，具有极小的温度系数。20℃ 时 $E_0 = 1.0186V$，其它温度下 E_t 可按下式算得：

$$E_t = E_0 - 4.06 \times 10^{-5}(t-20) - 9.5 \times 10^{-7}(t-20)^2$$

使用标准电池时不能振荡，不能倒置，要平稳携取。使用温度 4～40℃。电池正负极不能接错。不能用万用表直接测量标准电池。标准电池只是校验器，不能作为电源使用，测量时间必须短暂，间歇按键，以免电流过大，损坏电池。电池若未加套直接暴露于日光，会使硫酸亚汞变质，电动势下降。按规定时间，需要对标准电池进行计量校正。

3.3.2.6 常用电极

（1）甘汞电极

甘汞电极是实验室中常用的参比电极，具有装置简单、可逆性高、制作方便、电势稳定等优点。在玻璃容器的底部装入少量汞，然后装汞和甘汞的糊状物，再注入氯化钾溶液，将作为导体的铂丝插入，即构成甘汞电极。甘汞电极表示形式如下：

$$Hg(s)|Hg_2Cl_2(s)|KCl(c)$$

电极反应为：

$$Hg_2Cl_2(s)+2e^- \longrightarrow 2Hg(l)+2Cl^-(aq)$$

$$E_{Hg_2Cl_2/Hg}=E^{\ominus}_{Hg_2Cl_2/Hg}-\frac{RT}{F}\ln c(Cl^-)$$

甘汞电极的电势随氯离子活度的不同而改变。不同浓度氯化钾溶液的 $E_{甘汞}$ 与温度 t 的关系见表 3.5。

表 3.5　不同浓度氯化钾溶液的 $E_{甘汞}$ 与温度 t 的关系

氯化钾溶液浓度/(mol·L^{-1})	电极电势 $E_{甘汞}$/V
饱和	$0.2412-7.6\times10^{-4}(t-25)$
1.0	$0.2801-2.4\times10^{-4}(t-25)$
0.1	$0.3337-7.0\times10^{-5}(t-25)$

各文献上列出的甘汞电极的电势数据，常不相符合，这是因为接界电势的变化对甘汞电极电势有影响，由于所用盐桥的介质不同，甘汞电极电势的数据不同。

使用甘汞电极时应注意以下几点：

① 由于甘汞电极在高温时不稳定，一般适用于 70℃ 以下的测量。

② 甘汞电极不宜用在强酸、强碱性溶液中使用，因为此时的液体接界电势较大，而且甘汞可能被氧化。

③ 如果被测溶液中不允许含有氯离子，应避免直接插入甘汞电极，这时应使用双液接甘汞电极。

④ 应注意甘汞电极的清洁，不得使灰尘或其它离子进入该电极内部。

⑤ 当电极内 KCl 溶液太少时，应及时补充。

（2）银-氯化银电极

银-氯化银电极也是常用的参比电极，是金属难溶盐电极。它是将氯化银涂在银的表面上再浸入含有 Cl^- 的溶液中构成的。该电极具有良好的稳定性和较高的重现性，无毒，耐震，电极电势在高温下比甘汞电极稳定，但 AgCl(s) 遇光易分解，必须避光，而且电极必须浸入溶液中，否则 AgCl 会因干燥而脱落，所以电极不易保存。

银-氯化银电极的电极反应：

$$AgCl(s)+e^- \longrightarrow Ag(s)+Cl^-(c)$$

电极电势与 Cl^- 浓度有关：

$$E_{Cl_2/Cl^-}=E^{\ominus}_{Cl_2/Cl^-}-\frac{RT}{F}\ln c(Cl^-)$$

银-氯化银电极的电极电势见表 3.6。

表 3.6　银-氯化银电极的电极电势

电极	温度/℃	电极电势/V
Ag|AgCl(s)|Cl$^-$[c(Cl$^-$)=1.0mol·L^{-1}]	25	0.22234
Ag|AgCl(s)|Cl$^-$[c(Cl$^-$)=0.1 mol·L^{-1}]	25	0.288
Ag|AgCl(s)|Cl$^-$(饱和)	25	0.1981
Ag|AgCl(s)|Cl$^-$(饱和)	60	0.1657

3.4 光学测量技术与仪器

光与物质相互作用可以产生各种光学现象（如光的折射、反射、散射、透射、吸收、旋光以及物质受激辐射等），通过分析研究这些光学现象，可以得到原子、分子及晶体结构等方面的大量信息。所以，物质的成分分析、结构测定及光化学反应等方面都离不开光学测量。下面介绍物理化学实验中常用的几种光学测量仪器。

3.4.1 阿贝折射仪

折射率是物质的重要物理常数之一，借助它可定量地分析溶液的组成，鉴定液体的纯度。物质的摩尔质量、密度、极性分子的偶极矩等也与折射率相关联，因此它也是物质结构研究工作的重要工具。实验室常用阿贝折射仪来测定物质的折射率。它所需样品少，精度测量高，重现性好，是物理化学实验中常用的光学仪器，其结构外形如图3.22所示。

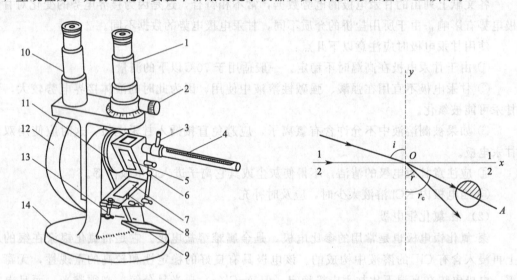

图3.22 阿贝折射仪外形图 图3.23 光在不同介质中的折射
1—测量望远镜；2—消色散手柄；3—恒温水入口；4—温度计；
5—测量棱镜；6—铰链；7—辅助棱镜；8—加液槽；9—反射镜；
10—读数望远镜；11—转轴；12—刻度盘罩；13—闭合旋钮；14—底座

3.4.1.1 阿贝折射仪的结构原理

当一束单色光从介质1进入介质2（两种介质的密度不同）时，如果传播方向不垂直于界面，则光线会改变方向，这一现象称为光的折射，如图3.23所示。

根据斯内尔（Snell）折射定律，波长一定的单色光在温度、压力不变的条件下，入射角 i 和折射角 r 与这两种介质的折射率的关系为：

$$\frac{\sin i}{\sin r} = \frac{n_1}{n_2} = n_{1,2}$$

式中，n_1、n_2 分别为介质1和介质2的折射率；$n_{1,2}$ 为介质2对介质1的相对折射率。

若介质1为真空,因规定$n_{真空}=1$,故$n_{1,2}=n_2$为绝对折射率。但介质1通常用空气,空气的绝对折射率为1.00029,这样得到的各物质的折射率称为常用折射率,也可称为对空气的相对折射率。同一种物质的两种折射率表示法之间的关系为:

$$绝对折射率=常用折射率\times 1.00029$$

当$n_1<n_2$时,折射角r恒小于入射角i。当入射角$i=90°$时,折射角也相应增大到最大值r_c,r_c称为临界角。当入射角为0°~90°时,折射后大于临界角的部分无光线通过,成为暗区;小于临界角的部分有光线通过,为明亮区,临界角r_c决定了半明半暗分界线的位置。当入射角i为90°时,入射角i和折射角r的关系可写为:

$$n_1=n_2\sin r_c$$

因而固定一种介质时,临界折射角r_c的大小与被测物质的折射率呈简单的函数关系,阿贝折射仪就是根据这个原理设计的。

图3.24是阿贝折射仪光学系统的示意图。它的主要部分是两块折射率为1.75的玻璃直角棱镜。辅助棱镜的斜面是粗糙的毛玻璃,测量棱镜是光学平面镜。两者之间约有0.1~0.15mm厚度空隙,用于装待测液体,并使液体展开成一薄层。当光线经过反光镜反射至辅助棱镜的粗糙表面时,发生漫散射,以各种角度透过待测液体,因而从各个方向进入测量棱镜而发生折射。其折射角都落在临界角r_c之内,因为棱镜的折射率大于待测液体的折射率,因此入射角从0°~90°的光线都通过测量棱镜发生折射。具有临界角r_c的光线从测量棱镜出来反射到目镜上,此时若将目镜十字线调节到适当位置,则会看到目镜上呈半明半暗状态。折射光都应落在临界角r_c内,成为亮区,其它为暗区,构成了明暗分界线。为了将测量均取同一基准,可通过转动棱镜组位置使明暗分界线调至十字交叉点上,这时从读数标尺上就可读出试样的折射率。

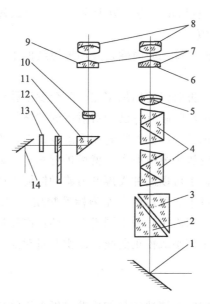

图3.24 阿贝折射仪光学系统示意图

1—反光镜;2—辅助棱镜;3—测量棱镜;4—消色散棱镜;5—物镜;6—分划板;7,8—目镜;9—分划板;10—物镜;11—转向棱镜;12—照明度盘;13—毛玻璃;14—小反光镜

由于折射率与入射光的波长有关。用普通白光作为光源(波长4000~7000Å),由于发

生色散而在明暗分界线处呈现彩色光带，使明暗交界不清楚，故在阿贝折射仪中还装有两个各由三块棱镜组成的阿密西（Amici）棱镜作为消色散棱镜（又称补偿棱镜）。通过调节消色散棱镜，使折射棱镜出来的色散光线消失，使明暗分界线完全清楚，这时所测的液体折射率相当于用钠光 D 线（5893Å）所测得的折射率 n_D。

因为折射率与温度有关，故在棱镜组外面装有夹套，可以通入恒温水，并有温度计孔用以测温，则可测定温度为 0～50℃ 范围内的折射率。

3.4.1.2 阿贝折射仪的使用方法

（1）将阿贝折射仪放在光亮处，但避免阳光直接曝晒。调节超级恒温槽至所需温度，将恒温水通入棱镜夹套内，水温以折射仪上温度计读数为准。

（2）扭开测量棱镜和辅助棱镜的闭合旋钮，并转动镜筒，使辅助棱镜斜面向上，若测量棱镜和辅助棱镜表面不清洁，可滴几滴丙酮，用擦镜纸顺单一方向轻擦镜面（不能来回擦）。用滴管滴入数滴待测液体于辅助棱镜的毛玻璃面上（滴管切勿触及镜面），合上棱镜，扭紧闭合旋钮。若液体样品易挥发，动作要迅速，或将两棱镜闭合，从两棱镜合缝处的加液孔注入样品（特别注意不能使滴管折断在孔内，以致损伤棱镜镜面）。

（3）转动手柄，使刻度盘标尺上的示值最小，调节反射镜使入射光进入棱镜，同时从测量望远镜中观察，使视场最亮。调节目镜使视场准丝清晰。

（4）转动读数手柄，使明暗界面恰好落在十字线的交叉处，调节消色散手柄至目镜中彩色光带消失。再仔细转动手柄，使分界线正好处于×形准丝交点上。

（5）打开刻度标尺罩壳上方的小窗，让光线射入使刻度标尺有足够亮度。从读数望远镜中读出刻度盘上折射率数值，常用的阿贝折射仪可读至小数点后的第四位，同时记下温度，则 n_D^t 为该温度下待测液体的折射率。为了减少误差，一个试样需重复测定 3 次，3 次误差不超过 0.0002，然后取平均值。

（6）测试完后，在棱镜面上滴几滴丙酮，并用擦镜纸擦干。最后将两层擦镜纸夹在两镜面间，以防镜面损坏。

（7）阿贝折射仪的校正。折射仪的标尺零点有时会发生移动，因而在使用阿贝折射仪前需用标准物质校正。折射仪出厂时附有一已知折射率的"玻块"，一小瓶 α-溴萘。滴 1 滴 α-溴萘在玻块的光面上，然后把玻块的光面附着在测量棱镜上，不需合上辅助棱镜，但要打开测量棱镜背面的小窗，使光线从小窗口射入，就可进行测定。如果测得的值与玻块的折射率值有差异，此差值为校正值，也可以用钟表螺丝刀旋动镜筒上的校正螺丝进行，使测得值与玻块的折射率相等。在实验室中也可用纯水作为标准物质（$n_D^{25}=1.3325$）来校正零点。在精密测量中，须在所测量的范围内用几种不同折射率的标准物质进行校正，考察标尺刻度间距是否正确，把一系列的校正值画成校正曲线，以供测量对照校正。

3.4.1.3 注意事项

（1）使用时要注意保护棱镜，清洗时只能用擦镜纸而不能用滤纸等。加试样时不能将滴管口触及镜面。经常保持仪器清洁，严禁油手或汗手触及光学零件。

（2）仪器使用完毕，要在镜面上加几滴丙酮，并用擦镜纸擦干。最后将两层擦镜纸夹在两棱镜镜面之间，以免镜面损坏。并流尽恒温水，拆下温度计，将仪器放入箱内，箱内放有干燥剂硅胶。

(3) 读数时，有时在目镜中观察不到清晰的明暗分界线，而是畸形的，这是由于棱镜间未充满液体；若出现弧形光环，则可能是由于光线未经过棱镜而直接照射到聚光透镜上。

(4) 对有腐蚀性的液体如强酸、强碱以及氟化物，不能使用阿贝折射仪测定。若待测试样折射率不在 1.3～1.7 范围内，也不能用阿贝折射仪测定。

3.4.2 旋光仪

许多物质具有旋光性，如石英晶体，酒石酸晶体，蔗糖、葡萄糖、果糖的溶液等。所谓旋光性是指某一物质在一束平面偏振光通过时能使其偏振方向转过一个角度的性质，此角度被称为旋光度，使偏振光的振动面向左旋的物质称为左旋物质，向右旋的称为右旋物质。旋光仪可以测定平面偏振光通过旋光物质的旋光度的方向和大小，从而定量测定旋光物质的浓度，确定某些有机分子的立体结构。

3.4.2.1 旋光度与物质浓度的关系

旋光物质的旋光度，除了取决于旋光物质的本性外，还与测定温度、光经过物质的厚度、光源的波长等因素有关，若被测物质是溶液，当光源波长、温度、厚度恒定时，其旋光度与溶液的浓度成正比。

(1) 测定旋光物质的浓度

先将已知浓度的样品按一定比例稀释成若干不同浓度的试样，分别测出其旋光度。然后以横轴为浓度，纵轴为旋光度，绘成 α-c 曲线。然后取未知浓度的样品测其旋光度，根据旋光度，在 α-c 曲线上查出该样品的浓度。

(2) 根据物质的比旋光度测出物质的浓度

物质的旋光度由于实验条件的不同有很大的差异，所以提出了物质的比旋光度的概念。规定以钠光 D 线作为光源，温度为 20℃、样品管长为 10cm、浓度为每立方厘米中含有 1g 旋光物质，此时所产生的旋光度，即为该物质的比旋光度，通常用符号 $[\alpha]_t^D$ 表示。D 表示光源，t 表示温度。

$$[\alpha]_t^D = \frac{10\alpha}{Lc}$$

式中，α 为测量的旋光度；L 为样品的管长，cm；c 为浓度，g·cm^{-3}。

比旋光度是度量旋光物质旋光能力的一个常数。根据被测物质的比旋光度，可以测出该物质的浓度，其方法如下：从手册上查出被测物质的比旋光度 $[\alpha]_t^D$，测出未知浓度样品的旋光度，代入上式即可求出浓度 c。

3.4.2.2 旋光仪的构造和原理

普通光源发出的光称自然光，其光波在垂直于传播方向的一切方向上振动，而只在一个方向上有振动的光称为平面偏振光。旋光仪的主体是两块尼柯尔棱镜，尼柯尔棱镜是将方解石晶体沿一对角面剖成两块直角棱镜，再由加拿大树脂沿剖面黏合起来。尼柯尔棱镜的原理如图 3.25 所示。

当光线进入棱镜后，分解为两束相互垂直的平面偏振光。一束折射率为 1.658 的光线被全反射到棱镜的底面上（因加拿大树脂的折射率为 1.550），被黑色涂层的底面吸收，一束折射率为 1.486 的光线则通过树脂而不产生全反射现象，从而获得了一束单一的平面偏振光。用于产生偏振光的棱镜称起偏镜,从起偏镜出来的偏振光仅限于在一个平面上振动。另有一个尼柯尔棱镜,其透射面与起偏镜的透射面平等,则起偏镜出来的一束光线也必能通过第二个棱镜,第二个棱镜称为检偏镜。若起偏镜与检偏镜的透射面相互垂直,则由起偏镜出来的光线完全不能通过检偏镜。如果起偏镜和检偏镜的两个透射面的夹角(θ角)在 0°~90°之间,则由起偏镜出来的光线部分透过检偏镜,如图 3.26 所示。一束振幅为 E 的 OA 方向的平面偏振光,可以分解成为互相垂直的两个分量,其振幅分别为 $E\cos\theta$ 和 $E\sin\theta$。但只有与 OB 重合的具有振幅为 $E\cos\theta$ 的偏振光才能透过检偏镜,透过检偏镜的振幅为 $OB=E\cos\theta$,由于光的强度 I 正比于光的振幅的平方,因此:

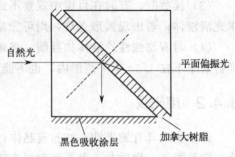

图 3.25 尼柯尔棱镜的起偏振原理

$$I=OB^2=E^2\cos^2\theta=I_0\cos^2\theta$$

式中,I 为透过检偏镜的光强度;I_0 为透过起偏镜的光强度。当 $\theta=0°$ 时,$E\cos\theta=E$,此时透过检偏镜的光最强。当 $\theta=90°$ 时,$E\cos\theta=0$,此时没有光透过检偏镜,光最弱。旋光仪就是利用透过光的强弱来测定旋光物质的旋光度。如果在起偏镜与检偏镜之间放有旋光性物质,则由于物质的旋光作用,使来自起偏镜的光的偏振面改变了某一角度,只有检偏镜也旋转同样的角度,才能补偿旋光线改变的角度,使透过的光的强度与原来相同。

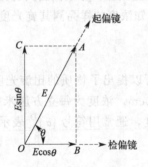

图 3.26 偏振光强度

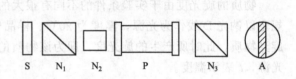

图 3.27 旋光仪光学系统

旋光仪的结构示意图如图 3.27 所示。图中,S 为钠光光源,N_1 为起偏镜,N_2 为一块石英片,N_3 为检偏镜,P 为旋光管(盛放待测溶液),A 为目镜的视野。N_3 上附有刻度盘,当旋转 N_3 时,刻度盘随同转动,其旋转的角度可以从刻度盘上读出。若转动 N_3 的透射面与 N_1 的透射面相互垂直,则在目镜中观察到视野呈黑暗。若在旋光管中盛以待测溶液,由于待测溶液具有旋光性,必须将 N_3 相应旋转一定的角度,目镜中才会又呈黑暗,α 即为该物质的旋光度。但人们的视力对鉴别二次全黑相同的误差较大(差 4°~6°),因此设计了一种三分视野或二分视野,以提高人们观察的精确度。

为此,在 N_1 后放一块狭长的石英片 N_2,其位置恰巧在 N_1 中部。石英片具有旋光性,偏振光经 N_2 后旋转了一角度 α,在 N_2 后观察到的视野如图 3.28(a)。OA 是经 N_1 后的振动方向,OA' 是经 N_1 再经 N_2 后的振动方向,此时左右两侧亮度相同,而与中间不同,α 角称为半荫角。如果旋转 N_3 的位置使其透射面 OB 与 OA' 垂直,则经过石英片 N_2 的偏振光不能透过 N_3。目镜视野中出现中部黑暗而左右两侧较亮,如图 3.28(b) 所示。若旋转 N_3

使 OB 与 OA 垂直,则目镜视野中部较亮而两侧黑暗,如图 3.28(c) 所示。如调节 N_3 位置使 OB 的位置恰巧在图 3.28(c) 和图 3.28(b) 的情况之间,则可以使视野三部分明暗相同如图 3.28(d) 所示。此时 OB 恰好垂直于半荫角的角平分线 OP。由于人们易于判断明暗相同的三分视野,因此在测定时先在 P 管中盛无旋光性的蒸馏水,转动 N_3 调节三分视野明暗度相同,此时的读数作为仪器的零点。当 P 管中盛具有旋光性的溶液后,由于 OA 和 OA' 的振动方向都被转动过某一角度,只有相应地把检偏镜 N_3 转动某一角度,才能使三分视野的明暗度相同,所得读数与零点之差即为被测溶液的旋光度。测定时若需将检偏镜 N_3 顺时针方向转某一角度使三分视野明暗相同,则被测物质为右旋;反之则为左旋,常在角度前加负号表示。

若调节检偏镜 N_3 使 OB 与 OP 重合,如图 3.28(e) 所示,则三分视野的明暗也应相同,但是 OA 与 OA' 在 OB 上的光强度比 OB 垂直 OP 时大,三分视野特别亮。由于人们的眼睛对弱亮度变化比较灵敏,调节亮度相等的位置更为精确。所以总是选取 OB 与 OP 垂直的情况作为旋光度的标准。

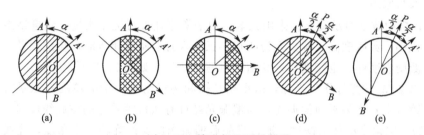

图 3.28 旋光仪的测量原理

3.4.2.3 影响旋光度测定因素

(1) 温度的影响

温度升高会使旋光管长度增大,但降低了液体的密度。温度的变化还可能引起分子间缔合或离解,使分子本身旋光度改变,一般说,温度效应的表达式如下:

$$[\alpha]_t^\lambda = [\alpha]_{20}^D + Z(t-20)$$

式中,Z 为温度系数;t 为测定时温度。

各种物质的 Z 值不同,一般均在 $-0.01 \sim -0.04/℃^{-1}$ 之间。因此测定时必须恒温,在旋光管上装有恒温夹套,与超级恒温槽配套使用。

(2) 浓度和旋光管长度对比旋光的影响

在固定的实验条件下,通常旋光物质的旋光度与旋光物质的浓度成正比,可以很方便地利用这一关系来测量旋光物质的浓度及其变化(事先作出一条浓度-旋光度的标准曲线)。

旋光度与旋光管的长度成正比。旋光管一般有 10cm 或 20cm 两种长度。使用 10cm 长的旋光管计算比旋光度比较方便,但对旋光能力较弱或者较稀的溶液,为了提高准确度,降低读数的相对误差,可用 20cm 的旋光管。

3.4.2.4 WXG-4 圆盘旋光仪的使用

(1) 首先打开钠光灯,稍等几分钟待光源稳定后,从目镜中观察,如视野不清楚可调节目镜焦距。

(2) 旋光仪零点校正。把旋光管一端的管盖旋开（注意盖内玻片，以防跌碎），洗净旋光管，用蒸馏水充满，使液体在管口形成一凸出的液面，然后沿管口将玻片轻轻推入盖好（旋光管内光通过位置不能有气泡，以免观察时视野模糊）。旋紧管盖，用干净纱布擦干旋光管外面及玻片外面的水渍。把旋光管放入旋光仪中，气泡存放部位在上。旋转刻度盘直至三分视野中明暗度相等为止，读出刻度盘上的刻度并将此角度作为旋光仪的零点。

(3) 旋光度测定。将样品管中的蒸馏水换成待测溶液，按同样方法测定，此时刻度盘上的读数与零点时读数之差即为该样品的旋光度。

读数方法：仪器采用双游标读数，以消除刻度盘偏心差。刻度盘分两个半圆，分别标出 $0 \sim 180°$，每格 $1°$，固定游标分为 20 格。读数时先看游标零点落在刻度盘的位置，记下整数值（0 两边较小的一个数），再看游标的刻度与刻度盘上的刻度相重合的数据点，记下游标尺上的数据为小数部分的数值，可精确至小数点后的第二位。

3.4.2.5 WZZ-2B 自动数字显示旋光仪

(1) 结构与原理

WZZ-2B 自动数字显示旋光仪采用光电自动平衡原理进行旋光测量，测量结果由数字显示，具有体积小、灵敏度高、减少人为的观察三分视野明暗度相等时产生的误差、读数方便等优点。对低旋光度样品也能适用，其结构原理和面板图如图 3.29 所示。

该仪器以 20W 钠光灯作为光源，由小孔光栅和物镜组成一个简单的光源平行光管，平行光经偏振镜（Ⅰ）变为平面偏振光，当偏振光经过有法拉第效应的磁旋线圈时，其振动面产生 50Hz 的一定角度的往复摆动。通过样品后偏振光振动面旋转一个角度，光线经过偏振镜（Ⅱ）投射到光电倍增管上，产生交变的电信号。当检偏镜的透光面与偏振光的振动面正交时，即为仪器的光学零点，此时出现平衡指示。而当偏振光通过一定旋光度的测试样品时，偏振光的振动面转过一个角度 α，此时光电信号就能驱动工作频率为 50Hz 的伺服电机，并通过蜗轮蜗杆带动检偏镜转动 α 角而使仪器回到光学零点。

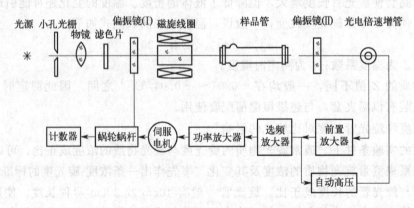

图 3.29 自动旋光仪结构原理图

(2) 使用方法

① 将仪器电源插头插入 220V 交流电源，并将接地线可靠接地。

② 向上打开右侧面的电源开关，这时钠灯在交流工作状态下起辉，经 5min 钠光灯激活后才发光稳定。

③ 向上打开电源开关，仪器预热 20min，若电源开关向上扳后钠光灯熄灭，则将电源开关上下重复扳动 1～2 次，使钠光灯在直流下点亮。

④ 按"测量"键，这时液晶屏应有数字显示。

⑤ 将装有蒸馏水或其它空白溶剂的试管放入样品室，盖上箱盖，待示数稳定后，按"清零"键。试管中若有气泡，应先按气泡浮到凸颈处，通光面两端的雾状水滴应用软布揩干，试管螺帽不宜旋得太紧，以免产生应力，影响读数。试管安放时应注意标记的位置和方向。

⑥ 取出试管，将待测样品注入试管，按相同的位置和方向放入样品室，盖好箱盖，仪器将显示出该样品的旋光度，此时指示灯"1"点亮。注意：试管内腔应用少量被测试样冲洗 3～5 次。

⑦ 按"复测"键一次，指示灯"2"点亮，表示仪器显示第一次复测结果，再按"复测"键，指示灯"3"点亮，表示仪器显示第二次复测结果。按"123"键，可切换显示各次测量的旋光度。按"平均"键，显示平均值，指示灯"AV"点亮。

⑧ 若样品超过测量范围，仪器在±45°处来回振荡，此时取出试管，仪器即自动转回零位。此时可将试液稀释一倍再测。

⑨ 仪器使用完毕后，应关闭仪器开关和电源开关。

⑩ 钠灯在直流供电系统出现故障不能使用时，仪器也可在钠灯交流供电（光源开关不向上开启）的情况下测试，但仪器的性能可能略有降低。

⑪ 当放入小角度样品（＜±5°）时，示数可能变化，这时只要按复测键按钮，就会出现新数字。

3.4.3 分光光度计

分光光度计可以在近紫外和可见光谱区域内对样品物质作定性和定量的分析，是物理化学实验室常用的分析仪器。

3.4.3.1 仪器原理

物质对光的吸收具有选择性，各种不同物质都具有其各自的吸收光谱。因此，当某单色光通过溶液时，其能量就会被吸收而减弱，光能量减弱的程度与溶液中物质的浓度 c 有一定的比例关系，即符合 Lambert-Beer（朗伯-比耳）定律，其关系式可表示为：

$$A = \lg \frac{I_0}{I} = \varepsilon bc \qquad T = \frac{I}{I_0}$$

式中，A 为吸光度，表示光通过溶液时被吸收的强度，又称为光密度；T 为透光率；I_0 为入射光强度；I 为透射光强度；ε 为摩尔吸光系数，$L \cdot mol^{-1} \cdot cm^{-1}$，与物质的性质、入射光的波长和溶液的温度有关；$c$ 为溶液物质的量浓度，$mol \cdot L^{-1}$；b 为光线通过溶液的厚度，cm，通常使用 1.0cm 的吸收池时 $b=1$。当光线通过待测物质的厚度 b 一定时，吸光度与被测物质的浓度成正比，这就是光度法定量分析的依据。

通常用光的吸收曲线（或光谱）来描述有色溶液对光的吸收情况。将不同波长的单色光依次通过一定浓度的有色溶液，分别测定其吸收度 A，以波长 λ 为横坐标，吸光度 A 为纵坐标作图，所得的曲线称为光的吸收曲线（或光谱），最大吸收峰处 λ_{max} 对应的单色光波长称为最大吸收波长，选用最大吸收波长 λ_{max} 进行测量，光的吸收程度最大，测定的灵敏度最高，见图 3.30。

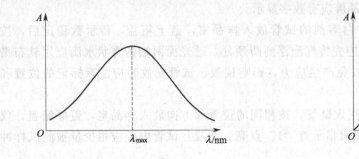
图 3.30 光的吸收曲线

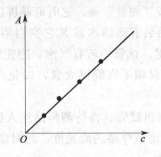
图 3.31 工作曲线

一般在测试样品时，先测试工作曲线，即在与测定样品相同的条件下，先测试一系列已知准确浓度的标准溶液的 A，画出 A-c 曲线，即工作曲线，如图 3.31。待样品的吸收度 A 测出后，就可以在工作曲线上求出相应的浓度 c。

3.4.3.2 722 型分光光度计的结构和使用

（1）外形结构

722 型分光光度计由光源、单色器、试样室、光电管暗盒、电子系统及数字显示器等部件组成。光源为钨卤素灯，波长范围为 330～800nm。单色器中的色散元件为光栅，可获得波长范围狭窄的接近于一定波长的单色光。722 型分光光度计能在可见光谱区域内对样品物质作定性和定量分析，其灵敏度、准确性和选择性都较高，因而在教学、科研和生产上得到广泛使用。

（2）使用方法

① 预热仪器。接通电源开关，打开比色皿槽暗箱盖，仪器预热 30min，再进行下列操作。

② 选定波长。根据实验要求，转动波长旋钮，指示到所需单色光的波长。

③ 调 "0"（即 $T=0$）。打开比色皿的暗箱盖，按 "MODE" 键切换到 T 挡，按 "0％T" 键校零。

④ 调 "100％"（即 $T=100％$ 或 $A=0$）。将盛有参比溶液的比色皿放入比色皿座架的第一格内，待测溶液依次放在其他格内，将比色皿的暗箱盖轻轻盖上，将参比溶液拉入光路中，按 "100％" 键使 $T=100％$。重复操作步骤③和④，使仪器显示稳定。

⑤ 测定吸光度 A。按 "MODE" 键切换到 A 挡，将比色皿的暗箱盖盖上，轻轻拉动比色皿座架拉杆，将盛有待测溶液的比色皿拉入光路中，这时显示屏显示的是该待测溶液的吸光度 A。读数之后，立即打开比色皿暗箱盖。

⑥ 浓度 c 的测量。选择开关由 "A" 旋至 "C"，将已标定浓度的样品移入光路，调节浓度旋钮，使得数字显示为标定值，将被测样品移入光路，即可读出被测样品的浓度值。

⑦ 如果大幅度改变测试波长，在调 "0" 与调 "100％" 后稍等片刻，当稳定后，重新调 "0" 和调 "100％" 即可工作。

⑧ 关机。实验完毕,切断电源。比色皿取出洗净并擦干。检查有无溶液洒到比色皿座架上,有则擦去。比色皿放回原盒内。

(3) 注意事项

① 每次选择新的波长后,都需要进行调零校准。

② 仪器配套的比色皿不能与其它仪器的比色皿单个调换,如需增补,经校正后才能使用。

③ 为确保仪器稳定工作,在光源波动较大的地方,建议使用交流稳压电源。

④ 当仪器停止工作时,先关闭仪器开关,再切断电源。

第 4 章　实验部分

4.1　化学热力学基础实验

实验 1　恒温槽的装配与性能测试

【目的要求】

1. 了解恒温槽的结构、恒温原理和应用，掌握恒温槽调节的基本技术。
2. 绘制恒温槽的灵敏度曲线，学会分析恒温槽的性能。
3. 掌握电接点温度计的基本原理和使用方法。

【实验原理】

物质有很多物化性质与温度有关，例如化学反应的平衡常数、饱和蒸气压、反应速率常数、电导率、黏度等，这些物化参数的测量需要在恒温条件下进行，恒温槽就是物理化学实验中常用的一种恒温装置。

恒温槽以液体为介质，热容量大，导热性好，因此控制温度的稳定性高，灵敏度好。根据需要控制的温度范围，可选用表 1 所列液体介质：

表 1　恒温槽可选液体介质

温度范围	液体介质	温度范围	液体介质
−60~30℃	乙醇或乙醇水溶液	80~160℃	甘油或甘油水溶液
0~90℃	水	70~200℃	液体石蜡、气缸润滑油、硅油

恒温槽的装置多种多样，主要部件有感温元件、温度控制器和加热器。感温元件将实时温度转化为电信号输送给温度控制器，温度控制器据此给加热器发出指令，让它加热或停止加热，依靠恒温控制器来控制恒温槽的热平衡。当恒温槽对外散失热量使其温度降低时，恒温控制器就驱使恒温槽中的电加热器工作，待加热到所需要的温度时，它又会使其停止加热，使恒温槽温度保持恒定。一般恒温槽的温度都相对稳定，控温精度大约在±0.1℃，如果稍加改进，也可达到±0.01℃。

本实验采用的恒温槽以水为介质，其装置如图 1，由以下几部分组成：

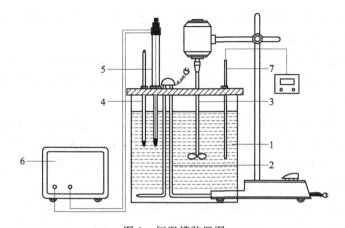

图 1　恒温槽装置图

1—浴槽；2—加热器；3—搅拌器；4—温度计；
5—电接点温度计；6—温度控制器；7—温差仪

(1) 浴槽　如果需要控制的温度与室温相差不太大，通常可用敞口大玻璃缸作为浴槽，内装水。

如果需要控制的温度较高或较低，应考虑保温问题。可以使用具有循环泵的超级恒温槽。

(2) 加热器　需要控制的温度高于室温，就要向浴槽中提供热量，用来提高温度，同时补偿其散失的热量。一般用电加热器，通过间歇加热的方法实现恒温控制。

电加热器的功率应该根据恒温槽的容量、恒温温度以及与环境的温差大小来选择。热容量应该比较小，导热性比较好，功率适当，使加热时间和停止时间接近。

(3) 搅拌器　搅拌器用来加强液体介质的搅拌，使恒温槽各处的温度尽可能地相同。搅拌的速度、搅拌器安装的位置、桨叶的形状对搅拌效果都有很大的影响。搅拌器对保证恒温槽温度均匀起着非常重要的作用。

(4) 温度计　为了测定恒温槽的灵敏度，通常使用 1/10 ℃温度计观察温度。

(5) 感温元件　它是恒温槽的感觉中枢，是提高恒温槽精度的关键所在，它的作用是当恒温槽的温度被加热或冷却到指定值时发出信号，让加热器加热或停止加热。感温元件的种类很多，多为根据物体热胀冷缩的原理而制成的，如电接点温度计、热敏电阻等，本实验使用的感温元件是电接点温度计，也叫接点温度计、接触温度计、水银接触温度计、汞定温计、水银导电表等，其结构如图2所示。电接点温度计的下半部与普通温度计类似，上半部是控制用的指示装置。如图2所示，温度计的毛细管中悬有一根金属丝，金属丝和上半段的螺杆相连，它的顶部放置了一个磁铁，当旋转图中的调节帽1时，就转动了磁铁3，带动内部的调节螺杆8转动，进而使得指示铁

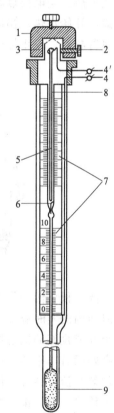

图 2　电接点温度计

1—调节帽；2—固定螺丝；3—磁铁；
4—螺杆引出线；4'—水银柱引出线；
5—指示铁；6—触针；7—刻度板；
8—调节螺杆；9—水银柱

5沿螺杆上下移动,由此来调节触针6的位置,也就是金属下端的位置。指示铁上边缘所指示的温度与金属丝最下端所指示的温度大体相同。

电接点温度计有两根导线,其中一根导线的一端通过螺杆引出线4与金属丝相连,另一根导线的一端通过水银柱引出线4′和水银柱相连,两根导线的另一端与温度的控制部分(电子继电器)相连。

继电器实际上是一个自动开关,当恒温槽的温度低于设定温度时,水银柱与金属丝不接触,继电器立刻发出信号使加热器加热,当浴槽的温度升高到设定温度时,因水银膨胀,与金属丝下端接触,立即发出信号使加热器停止加热。周而复始,加热与停止加热,使恒温水浴达到恒定温度的效果。控温精度一般达±0.1℃,最高可达+0.05℃。

(6) 温度控制器　通常由继电器和控制电路组成,又称电子继电器,与电接点温度计和加热器配合使用。从电接点温度计传来的信号,经过控制电路放大后,推动继电器去开关电加热器。

恒温槽控制线路如图3所示,在恒温过程中,由于温度不断波动,电接点温度计时而接通时而断开,引起电子控制元件内的电子管栅极电位发生变化,从而影响流过线圈L电流的变化。电流大时,电磁铁磁性加大,吸引衔铁,使加热回路接通;电流小时,衔铁自动弹开,停止加热。当电接点温度计断路时,栅压偏正,流过线圈的电流较大,衔铁吸下,加热回路接通,开始加热。当电接点温度计通路时,栅压偏负,流过线圈的电流较小,衔铁弹开,加热器断路,停止加热。反复进行上述过程达到恒温的目的。

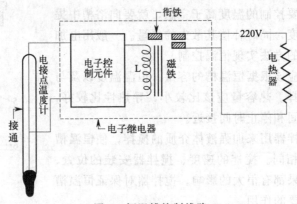

图3　恒温槽控制线路

(7) 温差仪　温差仪不是恒温槽的部件,当恒温槽调节好后,用温差仪可以测量恒温槽在一段时间内的实时温度与设定温度之差,分析恒温槽的性能。

一个性能良好的恒温槽应满足的条件如下:感温元件灵敏度高;搅拌强烈而均匀;加热器导热良好而且功率适当;搅拌器、感温元件和加热器所处位置接近,使被加热的液体能立即搅拌均匀并流经感温元件及时进行温度控制。

由于传热、感温都需要时间,补充热量与温度的升降之间存在滞后现象,恒温槽内介质温度不可能保持恒定不变,而是在一定范围内波动。在指定温度下,用较灵敏的温度计测定恒温槽内介质温度的波动情况,画出温度T随时间t变化的曲线——恒温槽的灵敏度曲线。如图4所示。

图4中,曲线(a)、(b) 表示加热器的功率适当,显然,曲线(a) 的温度的波动比较小,恒温性能优于曲线(b),曲线(c) 表示加热器的功率太大,曲线(d) 表示加热器的功率太小。

在灵敏度曲线上,最高温度与最低温度之差的一半,称为恒温槽的灵敏度。

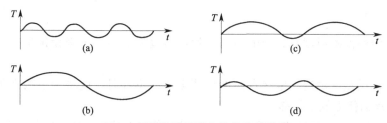

图 4 恒温槽灵敏度曲线的几种形式

$$T_E = \pm \frac{T_{max} - T_{min}}{2}$$

式中，T_E 是恒温槽的灵敏度；T_{max} 是灵敏度曲线上最高温度的平均值；T_{min} 是灵敏度曲线上最低温度的平均值。

$$T_E = \pm \frac{\Delta T_{max} - \Delta T_{min}}{2}$$

如果实验中记录的是温差（温差仪的读数），恒温槽的灵敏度也可以用波峰平均值（ΔT_{max}）减去波谷平均值（ΔT_{min}），再除以 2 来计算。

灵敏度是衡量恒温槽性能的主要标志，它与感温元件、电子继电器、搅拌器的效率、加热器的功率以及组装技术等因素均有关系。

【仪器与试剂】

仪器：玻璃缸 1 个、搅拌器 1 台、电加热器（1000W）1 个、1/10℃温度计 1 支、电接点温度计 1 支、电子温差仪 1 台、电子继电器 1 台。

【实验步骤】

1. 恒温槽的装配与调节

（1）按图 1 安装好仪器，将洁净的水注入玻璃缸中至 3/4 处。

（2）按电子继电器接线柱上的标示将电加热器及电接点温度计与电子继电器连接好，经老师检查后便可接通电源。

（3）旋转电接点温度计的调节帽，使指示铁的上边缘所示温度比指定温度稍低后，稍微拧紧固定螺丝。

（4）注意观察 1/10℃温度计，当温度计升到比指定温度低 0.2~0.4℃（具体数值视电加热器功率大小而定）时，迅速旋转电接点温度计的调节帽，使钨丝恰好与汞柱相接（可从继电器的声音或指示灯颜色的变换辨知），利用电加热器的余热，视能否将温度升到指定值，如不能，将钨丝与汞柱断离少许，待温度上升，即汞柱升高，再与钨丝相接，这样反复几次便可达到满意的结果。注意，此间应时刻观察 1/10℃温度计的读数。

2. 灵敏度的测定

恒温槽灵敏度的测定，是在指定温度下观测温度的波动情况，做法如下：

（1）将温差仪的探头置于恒温槽中，达到设定温度时，按下采零键，采零，然后按下锁定键，每隔一定时间，记录一次温差仪上的读数。

（2）用 1000W 及 500W（利用变压器得到）电加热器分别测恒温槽的灵敏度曲线：每隔半分钟记录一次温差仪上的读数，每条灵敏度曲线至少作三个峰、三个谷，测量时间不少于 30min。

【注意事项】

1. 调节设定恒温槽温度时，宁低勿高，然后再缓慢调节，升至设定值，避免水槽温度高于设定值。

2. 为使恒温槽温度恒定，电接点温度计调至某一位置时，应将调节帽上的固定螺钉拧紧，以免因振动而使之发生偏移。

3. 操作时，恒温槽搅拌转速应适度，不宜过快，能使介质温度均匀即可。当恒温槽的温度和设定温度相差较大时，可适当加大加热功率，温度接近时，再将加热功率降到合适的功率。

4. 电接点温度计易损坏，操作时应特别小心。它的刻度不是很准确，温度的设定与测量以 1/10℃ 温度计为准。

【数据记录及处理】

1. 数据记录

温度：_____，电加热器功率：_____。

时间/min	0.5	1.0	1.5	2.0	2.5	...
电子温差仪读数						

2. 数据处理

以时间 t(min) 为横坐标，电子温差仪读数 T(℃) 或 ΔT(℃) 为纵坐标，在坐标纸上绘制灵敏度曲线，并进行比较，并求出恒温槽的灵敏度。

【思考题】

1. 恒温槽的恒温原理是什么？
2. 将恒温槽调节至指定值时，应以哪支温度计为准？
3. 如何提高恒温槽的灵敏度？

实验 2　凝固点降低法测定摩尔质量

【目的要求】

1. 通过测定水溶液凝固点降低值，计算蔗糖的摩尔质量。
2. 掌握溶液凝固点的测定技术。
3. 通过实验，加深对稀溶液依数性的理解。

【实验原理】

把难挥发的非电解质溶解于溶剂中，与纯溶剂相比，形成的溶液的某些性质，如蒸气压、沸点、凝固点等会发生改变，当溶液较稀时，这些改变值只和溶质的质点数目有关，而与溶质的本性无关，通常把这些性质称为稀溶液的依数性。

溶液的凝固点是指固态溶剂与溶液平衡共存时的温度，也叫冰点。如果稀溶液的溶质是难挥发的非电解质，溶液的蒸气压就会低于纯溶剂的蒸气压，溶液的凝固点必然会低于纯溶剂的凝固点。

溶质是难挥发非电解质的稀溶液，其凝固点降低值与蒸气压的下降值成正比，而蒸气压的下降值与溶质的质量摩尔浓度成正比：

$$\Delta T_f = \frac{R(T_f^*)^2 M_A}{\Delta_{fus} H_{m,A}} b_B = K_f b_B \tag{1}$$

式中，$\Delta_{fus} H_{m,A}$、T_f^*、M_A、R 分别是纯溶剂的摩尔熔化焓、纯溶剂的凝固点、纯溶剂的摩尔质量和摩尔气体常数；ΔT_f 为凝固点降低值；K_f 为凝固点降低常数，仅与溶剂的性质有关；b_B 为质量摩尔浓度，其定义为 1kg 溶剂 A 中所含溶质 B 的物质的量，单位是 mol·kg^{-1}。

实验时，称取 m_B(g) 溶质和 m_A(g) 溶剂，配成稀溶液，则此溶液的质量摩尔浓度为

$$b_B = \frac{n_B}{m_A} = \frac{m_B/M_B}{m_A \times 10^{-3}} \tag{2}$$

式中，M_B 为溶质的摩尔质量。将式(2)代入式(1)，整理得：

$$M_B = \frac{m_B}{b_B m_A} \times 10^3 = \frac{K_f \times m_B}{\Delta T_f \times m_A} \times 10^3 \tag{3}$$

已知溶剂的凝固点降低常数 K_f 值，通过实验测定此溶液的凝固点降低值 ΔT_f，即可根据式(3)计算溶质的摩尔质量 M_B。

需要注意的是，溶剂中所加溶质应该是不挥发性溶质，如果溶质易挥发，此时，溶液的蒸气压就应该是溶剂的蒸气压加上溶质的蒸气压，蒸气压升高，导致凝固点升高。例如在水中加入少量乙醇，乙醇是易挥发物质，乙醇水溶液的凝固点会升高。如果溶质在溶液中发生解离或缔合，就不能简单地应用式（3）来计算。浓度稍高时，稀溶液不存在，致使测得的分子量随浓度的不同而变化。为了获得比较准确的分子量数据，常用外推法来处理，即以式（3）中所计算的分子量为纵坐标，以溶液浓度为横坐标作图，外推至浓度为零，以求得较准确的分子量数值。

显然，实验的关键在于凝固点的精确测量，纯溶剂的凝固过程的冷却曲线如图 1 所示，在实际过程中往往有过冷现象，液体的温度可以降到凝固点以下，待固体析出后温度再上升到凝固点。而溶液的冷却曲线与纯溶剂不同，如图 2 所示，由于部分溶剂凝固而析出，使剩余溶液的浓度逐渐增大，因而剩余的溶液与溶剂固相平衡共存的温度也在逐渐下降。要测已知浓度的某溶液的凝固点，要求析出的溶剂固相的量不能太多，否则将影响原溶液的浓度。如果稍有过冷现象，对测定没有显著影响，但过冷严重，测得的凝固点就会偏低，影响摩尔质量的测定结果。因此，测定过程中必须设法控制适当的过冷程度。

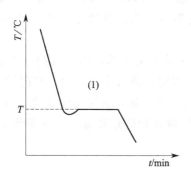　　　　　　　　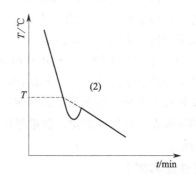

图 1　溶剂的冷却曲线　　　　　　　　图 2　溶液的冷却曲线

为了避免过冷严重，通常采用加入晶种的办法。方法是：先使液体过冷，然后通过搅拌

或加入晶种促使溶剂结晶，放出的凝固热使体系温度回升，当放热与散热达到平衡时，温度不再改变，此固液两相平衡共存的温度，即为溶液的凝固点。由于实验测量的是纯溶剂与溶液的凝固点之差，稀溶液的凝固点降低值不大，所以温度要采用精密的测温仪器，即精密数字温度控制仪来测量。

【仪器与试剂】

仪器：凝固点测定仪1套、精密数字温度控制仪1台、分析天平1台、普通温度计（0～50℃）1支、压片机1台、移液管（50mL）1支。

试剂：蔗糖（A.R.）、粗盐、冰。

【实验步骤】

1. 按图3安装好仪器，并在冰槽中加入适量的粗盐与冰水混合，冰槽温度控制在－2～－3℃，实验过程中用冰槽搅棒经常搅拌，并间断补充少量碎冰，使冰槽温度保持恒定。

2. 在室温下，用移液管吸取30.00cm³纯水，从投料支管加入洗净烘干的凝固点管中，并记下水的温度。插入调节好的精密数字温度控制仪，检查搅拌棒，使它能上下自由运动而不摩擦温度计，把凝固点管插入作为空气浴的外套管中，注意避免碰壁及产生摩擦。

3. 凝固点粗测。用内管搅拌棒慢慢搅动溶剂（均匀缓慢地上下移动搅棒，不要拉过液面，约每秒钟一次），使温度逐渐降低，当有晶体开始析出时，要快速搅拌（以搅棒下端擦管底，幅度要尽可能小），待温度回升后，恢复原来的搅拌，同时注意观察温差仪的数字变化，直到温度回升稳定为止，记下温度，此温度即为水的近似凝固点。

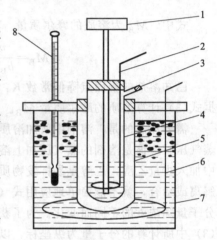

图3 凝固点降低实验装置
1—精密数字温差测量仪；2—内管搅拌棒；
3—投料支管；4—凝固点管；
5—空气套管；6—冰槽搅拌棒；
7—冰槽；8—温度计

4. 凝固点的精测。取出凝固点管，用手捂住管壁温热之，使晶体全部溶化（略高于水的凝固点即可），将凝固点管放在空气套管中，缓慢搅拌，温度慢慢下降，当温度降至0.7℃左右时，从支管加入少量晶种，并快速搅拌（在液体上部），待温度回升后，再改为缓慢搅拌。直到温度回升到稳定为止，记下温度，重复测定三次，读数之差应在0.006℃之内，取平均值作为纯水的凝固点。

5. 测定溶液的凝固点。用压片机将蔗糖压成片，用分析天平精确称重（约0.48g），其质量约使凝固点下降0.3℃，取出凝固点管，用手捂住管壁，将管中冰溶化，自凝固点管的投料支管加入蔗糖，待蔗糖全部溶解后，测定溶液的凝固点。测定方法与纯水的相同，先测近似的凝固点，再精确测定。溶液凝固点取温度回升后所达到的最高温度。重复测定三次，取平均值。

【注意事项】

1. 测定纯水及水溶液凝固点时，要保证整个溶液的浓度一致，温度均匀。搅拌很重要，每次测定必须按要求的速度搅拌，并且测溶剂与溶液凝固点时搅拌条件要完全一致。

2. 读取温度，应读数至小数点后第三位。

3. 测定溶剂的凝固点时，过冷程度大一些，对测定结果影响不大，因为溶剂的冷却曲线中段是平台，过冷后温度达到平台即可，如果溶液过冷程度大，浓度改变，冷却曲线后段是向下的曲线，所以测定溶液凝固点时必须尽量减少过冷现象。可加入少量晶种，促使新相的生成。

【数据记录及处理】

1. 数据记录

室温：_____ ℃；蔗糖质量：_____ g。

	水的凝固点/℃	蔗糖水溶液的凝固点/℃
粗测		
精测 1		
精测 2		
精测 3		
精测平均值		

2. 数据处理

（1）根据水的密度，计算所取水的质量 m_A。
（2）根据所得数据计算蔗糖的摩尔质量，并计算与理论值的相对误差。

【思考题】

1. 用凝固点降低法测定溶质的摩尔质量，对溶质和溶剂各有什么要求？
2. 测定溶液的凝固点比较困难，在操作中应注意哪些问题？
3. 为什么产生过冷现象？如何控制过冷程度？
4. 根据什么原则考虑加入溶质的量？太多太少影响如何？

实验 3　燃烧热的测定

【目的要求】

1. 用氧弹式量热计测定固体有机物的燃烧热，明确燃烧热的定义。
2. 熟悉氧弹式量热计的构造、工作原理及其测量方法。
3. 掌握气体钢瓶的使用方法和注意事项。
4. 掌握热化学实验中温差校止的方法。

【实验原理】

1mol 物质完全燃烧时产生的热效应称为燃烧热，是热化学中重要的基本数据。一般化学反应的热效应，往往因为反应太慢或反应不完全，而难以直接测定。但通过盖斯定律可用燃烧热数据间接求算，因此燃烧热广泛地用在各种热化学计算中。许多物质的燃烧热和反应热已经精确测定。测定燃烧热的氧弹式量热计是重要的热化学仪器，在热化学、生物化学以及某些工业部门中广泛应用。

燃烧热可在恒容或恒压情况下测定。由热力学第一定律可知，在不做非体积功的情况下，恒容反应热 $Q_V = \Delta U$，恒压反应热 $Q_p = \Delta H$。在氧弹式量热计中所测燃烧热为 Q_V，而一般热化学计算用的值为 Q_p，这两者可通过下式进行换算：

$$Q_p = Q_V + \Delta nRT \tag{1}$$

式中，Δn 为反应前后生成物与反应物中气体的物质的量之差；R 为摩尔气体常数；T 为反应温度，K。

在盛有定量水的容器中，放入内装有一定量的样品和氧气的密闭氧弹，然后使样品完全燃烧，放出的热量传给水及仪器，引起温度上升。若已知水量为 W g，仪器的水当量为 W'（量热计每升高 1℃ 所需的热量），燃烧前、后的温度分别为 t_0 和 t_n。则 m g 物质的燃烧热是：

$$Q_V' = (CW + W')(t_n - t_0) \tag{2}$$

水的比热容为 $C = 1\text{cal} \cdot \text{g}^{-1} \cdot ℃^{-1}$，摩尔质量为 M 的物质，其摩尔燃烧热为：

$$Q_V = \frac{M}{m}(W + W')(t_n - t_0) \tag{3}$$

水当量 W' 的求法是用已知燃烧热的物质（如本实验用苯甲酸）放在量热计中燃烧，测其开始和结束的温度，用上式求 W'。一般因每次的水量相同，$(W + W')$ 可作为一个定值（$\overline{W}$）来处理（室温 25℃ 时约为 14.53kJ·℃$^{-1}$）。故

$$Q_V = \frac{M}{m}(\overline{W})(t_n - t_0) \tag{4}$$

在较精确的实验中，辐射热和点火丝的燃烧热，温度计的校正都应予以考虑。

热化学实验常用的量热计有环境恒温式量热计和绝热式量热计两种。环境恒温式量热计的构造如图 1 所示。

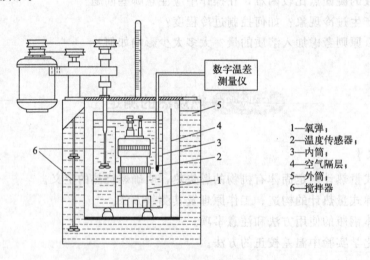

图 1 环境恒温式量热计

1—氧弹；
2—温度传感器；
3—内筒；
4—空气隔层；
5—外筒；
6—搅拌器

由图可知，环境恒温式量热计的最外层是储满水的外筒（图中 5），当氧弹中的样品开始燃烧时，内筒与外筒之间有少许热交换，因此不能直接测出初温和最高温度，需要由温度-时间曲线（即雷诺曲线）进行确定，详细步骤如下：

将样品燃烧过程中历次观察的水温对时间作图，连成 $FHIDG$ 折线，如图 2 所示。图中 H 相当于开始燃烧之点，D 为观察到的最高温度读数点，作相当于环境温度之平行线 JI 交折线于 I，过 I 点作 ab 垂线，然后将 FH 线和 GD 线外延交 ab 线于 A、C 两点，A、C 线

段所代表的温度差即为所求的 ΔT。图中 AA' 为开始燃烧到温度上升至环境温度这一段时间 Δt_1 内，由环境辐射进来和搅拌引进的能量而造成体系温度的升高值，故必须扣除，CC' 为温度由环境温度升高到最高点 D 这一段时间 Δt_2 内，体系向环境辐射出能量而造成体系温度的降低，因此需要添加上。由此可见 AC 两点的温差较客观地表示了由于样品燃烧致使量热计温度升高的数值。

有时量热计的绝热情况良好，热漏小，而搅拌器功率大，不断稍微引进能量使得燃烧后的最高点不出现，如图 3 所示。这种情况下 ΔT 仍然可以按照同样方法校正。

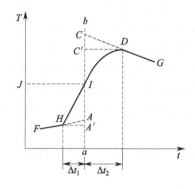
图 2　绝热较差时的雷诺校正图

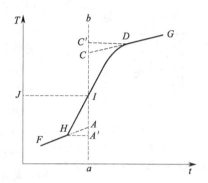
图 3　绝热良好时的雷诺校正图

【仪器与试剂】

仪器：GR-3500 型氧弹式热量计 1 台、数字式精密温差测量仪 1 台、氧气钢瓶及减压阀（公用）、压片机（公用）、电子天平（0.0001g，公用）、万用表（公用）。

试剂：苯甲酸(A.R.)、萘(A.R.)、蔗糖(A.R.)。

【实验步骤】

(1) 样品压片：压片前，先检查压片钢模，如发现有铁锈、油污、灰尘等，必须先清除后才能使用。用电子天平粗称约 0.8g 苯甲酸，将其倒入钢模，缓慢压紧，直到样品压成片状（不宜过松导致无法操作，但也不宜过紧而导致燃烧不完全），如图 4。将压好的样品准确称量后（用分析天平称准至 0.1mg，样品量 0.7~0.8g），放入燃烧坩埚中，即可供实验用。剪取约 15cm 长的点火丝，在分析天平上准确称量。

图 4　压好的样品

(2) 装置氧弹：氧弹装置如图 5。擦干净氧弹内壁，将氧弹盖放在氧弹盖架上，将盛有样品的燃烧坩埚放在氧弹的坩埚架上，再将称好的点火丝在细圆柱体上绕成螺旋状，并接在氧弹的电极两端（小心不要断路，点火丝不能靠到金属物体），使点火丝螺旋部位紧靠在样品压片上，如图 4。用万用电表检查两极是否通路（电阻约为 2~5Ω），检查完毕后旋上氧弹盖，再次用万用电表检查，若通路，则旋紧氧弹出气口后可以充氧气。

(3) 充氧气：使用高压钢瓶时必须严格遵守操作规程。开始先充少量氧气（约 0.5MPa），然后慢慢开启出口阀（过快可能冲翻样片），借以赶出氧弹中的空气。然后充入氧气（1.9~2.0MPa）。充好氧气后，将氧弹轻轻放入内筒。

(4) 调节水温：将温差测量仪探头放入外筒水中（环境），测量出温度并作记录，取 3000mL 以上自来水，将温差测量仪探头放入水中，调节水温，使其低于外筒水温 1~2℃，用量筒量取 3000mL 已调好温度的水注入内筒,水面刚好盖过氧弹(两极应保持干燥),如有气泡逸出,说明氧弹漏气,需寻找原因并排除。装好搅拌头(搅拌时不可有金属摩擦声),把电极插头插到两电极上,盖好盖子,将温差测量仪探头插入内筒水中,探头不能碰到氧弹。

(5) 点火:打开总电源开关,启动搅拌开关,待电动搅拌器运转以后,每间隔 1min 读取水温一次,直至连续五次水温呈有规律微小变化(约 10min),启动点火开关。样品一经燃烧,水温很快上升,每 0.5min 记录温度一次,当温度升到最高点后,再记录 10 次,停止实验。

实验停止后,取出氧弹,打开氧弹出气阀,放出余气,旋下氧弹盖,检查样品燃烧结果。若氧弹内没有什么燃烧残渣,表示燃烧完全,若留有许多黑色残渣则表示燃烧不完全,说明实验失败。

用水冲洗氧弹及坩埚,倒去内筒中的水,将其倒扣于台面,待用。

(6) 测定萘的燃烧热:称取 0.4～0.5g 萘代替苯甲酸,重复上述实验。

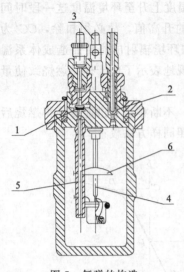

图 5 氧弹的构造
1—充氧阀门;2—放气阀门;3—点火电极;
4—坩埚架;5—充气管;6—燃烧挡板

(7) 亦可测定蔗糖的燃烧热:即称取 1.2～1.3g 蔗糖代替苯甲酸,重复上述实验。

【注意事项】

1. 压片时既不能压得太紧,也不能太松,否则,燃烧不充分。
2. 装氧弹时,燃烧丝不能与坩埚壁有接触。
3. 点火前和达到最高温度点后要保证足够的测温时间,取足测量数据。

【数据记录及处理】

1. 用雷诺图解法求出苯甲酸、萘、蔗糖燃烧前后的温度差 ΔT。
2. 计算量热计的水当量。已知苯甲酸在 298.15K 的燃烧热:$Q_p = -3226.8 \text{kJ} \cdot \text{mol}^{-1}$。
3. 求出苯甲酸、萘和蔗糖的燃烧热 Q_V。

【思考题】

1. 加入内筒中的水温为什么要选择比外筒水温低?低多少为合适?为什么?
2. 实验测得的温度差,为什么要经雷诺图校正?
3. 实验中,哪些因素容易造成误差?如果要提高实验的准确度,应从哪几方面考虑?
4. 如果测定液体样品的燃烧热,你能想出测定方法吗?

实验 4 溶解热的测定

【目的要求】

1. 掌握量热装置的基本组合及电热补偿法测定热效应的基本原理。

2. 用电热补偿法测定 KNO_3 在不同浓度水溶液中的积分溶解热。
3. 用作图法求 KNO_3 在水中的微分冲淡热、积分冲淡热和微分溶解热。

【实验原理】

1. 溶解热和稀释热

溶质溶于溶剂时，常伴有热效应的产生，这种热称为溶解热。溶解热有积分溶解热和微分溶解热两种。

(1) 积分溶解热 在恒温恒压下，1mol 溶质 B 在 n_0 mol 溶剂 A 中溶解所吸收或放出的全部热量，用 Q_s 或 $\Delta_{sol}H$ 表示。因溶解过程中溶液浓度逐渐改变，因此又称为变浓溶解热。

(2) 微分溶解热 在恒温恒压下，无限小量溶质 dn_B 溶于一定组成的溶液中所产生的微小热效应 dQ_s，以 $\left(\dfrac{\partial Q_s}{\partial n_B}\right)_{T,p,n_0}$ 表示。因加入的溶质 dn_B 为无限小量，故可以认为溶液的浓度不变，因此也称为定浓溶解热。微分溶解热也可以理解为在恒温恒压下，将 1mol 溶质溶于某一确定浓度的无限量的溶液中产生的热效应。

溶剂加到溶液中使之稀释时所产生的热效应称为稀释热。同样的，稀释热有积分稀释热和微分稀释热两种。

(1) 积分稀释热 在恒温恒压下，向含 1mol 溶质 B 和 n_{01} mol 溶剂 A 的溶液中添加溶剂 A，稀释到溶剂 A 的物质的量为 n_{02}，稀释过程的热效应称为积分稀释热，用符号 Q_d 表示。显然，积分稀释热等于稀释后与稀释开始时的积分溶解热之差，$Q_d = Q_{s,n_{02}} - Q_{s,n_{01}}$。

(2) 微分稀释热 在恒温恒压下，在一定组成的溶液中加入无限小量溶剂 dn_0 所产生的微小热效应 dQ_s，以 $\left(\dfrac{\partial Q_s}{\partial n_0}\right)_{T,p,n_B}$ 表示微分稀释热，微分稀释热也可以理解为在恒温恒压下，将 1mol 溶剂加到某一确定浓度的无限量的溶液中产生的热效应。

2. 溶解热、稀释热的测定

不同溶剂量 n_0 的积分溶解热 Q_s 可以通过实验直接测定，其他三种热效应则由 Q_s 对 n_0 作图求解。

在恒温恒压下，溶液的溶解热是溶质 B 的物质的量 n_B 和溶剂 A 的物质的量 n_0 的函数。

$$Q_s = Q_s(n_0, n_B) \tag{1}$$

应用欧拉定理，上式可推导出

$$Q_s = n_0 \left(\dfrac{\partial Q_s}{\partial n_0}\right)_{T,p,n_B} + n_B \left(\dfrac{\partial Q_s}{\partial n_B}\right)_{T,p,n_0} \tag{2}$$

式中，$\left(\dfrac{\partial Q_s}{\partial n_0}\right)_{T,p,n_B}$ 为微分稀释热，$\left(\dfrac{\partial Q_s}{\partial n_B}\right)_{T,p,n_0}$ 为微分溶解热。因为 $n_B = 1$，所以

$$Q_s = n_0 \left(\dfrac{\partial Q_s}{\partial n_0}\right)_{T,p,n_B} + \left(\dfrac{\partial Q_s}{\partial n_B}\right)_{T,p,n_0} \tag{3}$$

作出 Q_s-n_0 的关系曲线，如图 1 所示，曲线某点的切线斜率为该组成的微分稀释热，而切线与纵坐标的截距便是该组成的微分溶解热。对 A 点处的溶液，AF 表示溶剂的物质的量为 n_{01} 时的积分溶

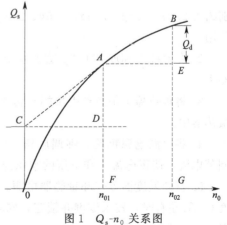

图 1　Q_s-n_0 关系图

解热，过 A 点的切线 CA 的斜率就是溶剂物质的量为 n_{01} 时的微分稀释热，其值为 AD/CD；而切线 CA 的截距 OC 就是溶剂物质的量为 n_{01} 时的微分溶解热。显然 n_{01} 与 n_{02} 点的积分溶解热之差为积分稀释热。

$$Q_d = Q_{s,n_{02}} - Q_{s,n_{01}} = BG - AF = BE \tag{4}$$

3. 电热补偿法

本实验测定硝酸钾溶解在水中的溶解热，由于是吸热过程，可用电热补偿法，如图 2 所示。测定体系的起始温度，溶解过程中体系温度下降，通过电加热使系统升温至起始温度，根据消耗的电能求出溶解过程的热效应。

$$Q = I^2 Rt = UIt$$

式中，I 为通过电阻为 R 的电热器的电流强度，A；U 为电阻丝两端所加电压，V；t 为通电时间，s。

利用电热补偿法，测定 KNO_3 在不同浓度水溶液中的积分溶解热，并通过图解法求出其它三种热效应。

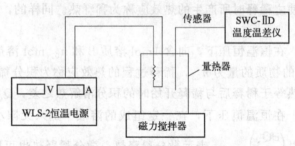

图 2 溶解热测量装置示意图

【仪器与试剂】

仪器：量热器 1 台、WLS-2 恒温电源 1 台、SWC-ⅡD 温度温差仪 1 台、计算机 1 台、打印机 1 台、电子天平 1 台、秒表 1 只、干燥器 1 只、研钵 1 只、称量瓶 8 个。

试剂：KNO_3（A.R.）（研细，在 110℃烘干，保存于干燥器中）。

【实验步骤】

1. 将 8 个称量瓶编号，在电子天平上依次称量 KNO_3（应预先研细并烘干），其质量分别约为 2.5g、1.5g、2.5g、2.5g、3.5g、4.0g、4.0g 和 4.5g。称量后将称量瓶放入干燥器待用。

2. 在台秤上称取 216.2g 蒸馏水放入杜瓦瓶内，放入磁搅拌子，拧紧瓶盖，放入量热器中。

3. 将量热器上加热丝引出端与恒温电源输出相接，将传感器与温度温差仪接好并插入量热器中。

4. 将恒温电源粗调、细调旋钮逆时针旋到底，打开电源开关，此时加热器开始加热，调节电流，使得电流 I 和电压的乘积为 2.5W 左右。

5. 打开温度温差仪和量热器电源，调节搅拌速度，待量热器中温度加热至高于环境温度 0.5℃左右时，按采零键并锁定，同时打开加料口，加入编号 1 样品，并开始计时，此时温差开始变为负温差。

6. 当温度差显示为零时，加入第二份样品并记下加热时间 t_1，此时温差开始变负，待温差显示为零时，加入第三份样品并记下加热时间 t_2，以下依次操作，直至所有样品测定完毕。

7. 在电子天平上称量 8 个称量瓶的质量，根据加样前后两次的质量差计算实际的加样量。测定完毕后，切断电源，打开量热计，检查 KNO_3 是否溶完，如未全溶，则必须重作；如溶解完全，可将溶液倒入回收瓶中，把量热器等器皿洗净放回原处。

【注意事项】

1. 因加热器加热之初有一定的滞后性，故仪器要预先加热，实验过程中要求 $P=IU$ 稳定，因加热时加热器阻值会有少量变化，若发现 P 不是初始值时，应适当调节恒温电源的细调电位器，使得 $P=IU$ 为初始值。

2. 实验过程中加热时间与样品量是累计的，故秒表的读数是累计的，切勿在实验中途把秒表按停。

3. 固体 KNO_3 易吸水，故称量和加样动作应迅速。为确保 KNO_3 迅速、完全溶解，在实验前务必研磨，并在 110℃ 烘干。

4. 实验结束时，杜瓦瓶中不得留有未溶解的 KNO_3 固体，否则需重新做实验。

【数据记录及处理】

1. 数据记录

室温：_____ ℃；实验室大气压：_____ kPa；水的质量 m_0：_____ g；I：_____ A；U：_____ V。

将每次加入的 KNO_3 的质量、累计 KNO_3 溶解的质量和通电时间等列于下表。

项目	1	2	3	4	5	6	7	8
加样质量/g								
累计溶解的质量 m/g								
通电时间 t/s								
n_0/mol								
Q/J								
Q_s/J								

2. 数据处理

(1) 根据溶剂水的质量 m_0 和累计溶解 KNO_3 的质量 m，求算溶液的浓度，以 n_0 表示：

$$n_0 = \frac{n_{H_2O}}{n_{KNO_3}} = \left(\frac{216.2}{18.02}\right) / \left(\frac{m}{101.1}\right) = \frac{1213}{m}$$

(2) 按 $Q=UIt$ 公式计算每次溶解过程的热效应。

(3) 由累计溶解 KNO_3 的质量 m 所吸收的热量 Q，计算当把 1mol KNO_3 溶于 n_0 mol 水中时的积分溶解热 Q_s。

$$Q_s = \frac{Q}{n_{KNO_3}} = \frac{Q}{m/M_{KNO_3}} = \frac{101.1 \times Q}{m}$$

(4) 将以上数据作 Q_s-n_0 图，并从图中求出 n_0 (mol) = 80, 100, 200, 300 和 400 处的积分溶解热和微分稀释热，以及 n_0 (mol) 从 80~100, 100~200, 200~300, 300~400 时的积分稀释热。

【思考题】

1. 本实验将温差零点设置在高于环境温度 0.5℃ 的原因是什么？
2. 本实验装置是否适用于放热反应的热效应测定？可否用来测定液体的比热容、反应生成热及有机物的混合热等热效应？
3. 温度对溶解热有无影响？如何根据实验温度下的溶解热计算其他温度下的溶解热？

实验 5　液体饱和蒸气压的测定

【目的要求】

1. 加深理解液体饱和蒸气压的定义及气液两相平衡的概念，掌握测定不同温度下纯液体饱和蒸气压的原理和方法。
2. 掌握纯液体饱和蒸气压与温度变化的函数关系——克劳修斯-克拉贝龙方程式，并采用作图法求出待测液体在实验温度范围内的平均摩尔蒸发焓及正常沸点。
3. 了解真空泵及福廷式气压计的构造，熟练掌握它们的使用方法。

【实验原理】

在一定温度下，纯液体与其蒸气达平衡时的蒸气压力称为该液体在此温度下的饱和蒸气压，简称蒸气压。蒸发 1mol 液体所吸收的热量 $\Delta_{vap}H_m$ 称为该温度下液体的摩尔蒸发焓。

液体的饱和蒸气压与液体的本性和温度有关。纯液体的饱和蒸气压随温度的升高而增大。当液体的蒸气压等于外界压力时，液体便沸腾，此时的温度称为该液体在相应外压下的沸点。外压不同时，液体沸点将相应改变，当外压为 101.325kPa 时，液体的沸点称为该液体的正常沸点。

液体的饱和蒸气压与温度的关系用克劳修斯-克拉贝龙方程式表示：

$$\frac{d\ln p}{dT} = \frac{\Delta_{vap}H_m}{RT^2} \tag{1}$$

式中，R 为摩尔气体常数，$J \cdot mol^{-1} \cdot K^{-1}$；$T$ 为热力学温度，K；$\Delta_{vap}H_m$ 为在温度 T 时纯液体的摩尔蒸发焓，$J \cdot mol^{-1}$。

如果温度变化范围较小，则 $\Delta_{vap}H_m$ 可以近似看作常数，积分式(1) 得：

$$\ln p = -\frac{\Delta_{vap}H_m}{R} \cdot \frac{1}{T} + C \tag{2}$$

其中 C 为积分常数，与压力 p 的单位有关。可以看出，在一定温度范围内，测定不同温度下的饱和蒸气压，以 $\ln p$ 对 $1/T$ 作图可得一直线，其斜率为 $-\frac{\Delta_{vap}H_m}{R}$，由斜率 k 可求算液体在该温度范围内的平均摩尔蒸发焓 $\Delta_{vap}H_m = -k \cdot R$。

实验装置如图 1 所示。等位计由试液球和 U 形等压计组成。试液球和 U 形等压计内储有待测液体，U 形等压计中液体在底部连通。当试液球的液面上全部是待测液体的蒸气，U 形等压计的液面处在同一水平时，表示试液球液面上的蒸气压与 U 形等压计液面上的外压相等。此时液体的温度就是该外压下的平衡温度，即沸点。读取数字压力计上的压差值 Δp（绝对值），并测定实验室的大气压 $p_{大气}$，大气压与 Δp 的差值即为该温度下液体的饱和蒸气压。

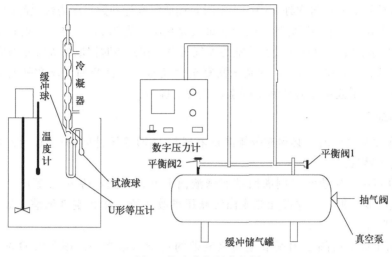

图 1 饱和蒸气压装置图

【仪器与试剂】

仪器：饱和蒸气压测定仪 1 套、真空泵 1 台、DF-AF 精密数字压力计 1 台。

试剂：四氯化碳（A.R.）。

【实验步骤】

1. 装样

在洁净干燥的等位计中，装入适量四氯化碳，关闭平衡阀 1，开启平衡阀 2 和抽气阀，使真空泵与系统相通，启动真空泵使气泡成串逸出，关闭抽气阀。打开平衡阀 1 通入大气，使液体充满试液球体积的 2/3 和 U 形等压计双臂的大部分。

2. 检漏

接通冷凝水，关闭平衡阀 1，打开抽气阀使真空泵与储气罐相通，开启真空泵，开启平衡阀 2，直到数字压力计上的读数约为 50kPa 时，关闭平衡阀 2 和抽气阀，停止抽气。如果 5min 内数字压力计上的数字无明显变化，则表示系统不漏气，否则应检查原因并进行排除。

3. 大气压下沸点的测定

将等位计全部浸入水浴中，开启平衡阀 1，使系统与大气相通，接通冷却水，水浴加热，平衡管中有气泡产生，即是空气开始被排出。直到水浴温度达 80℃ 左右时，停止加热，不断搅拌。随着温度下降，气泡开始消失，直至 U 形等压计两臂的液面处在同一水平时，立即记下此时的温度计和大气压的读数。再重复测定两次大气压下的沸点，若三次结果温度差≤0.5℃，则说明试液球液面上已全部是四氯化碳蒸气，才可进行下面的实验。

4. 不同温度下纯液体的饱和蒸气压的测定

大气压下的实验完成后，立即关闭平衡阀 1 和平衡阀 2，数字压力计按"采零"键，此时数字压力计上的读数为"00.00"。打开抽气阀，开启真空泵，将真空泵和缓冲储气罐相通，小心打开平衡阀 2，系统开始减压，当数字压力计示数约为 −7kPa 时，立即关闭平衡阀 2，此时液体重又沸腾，不断搅拌，让水浴温度不断下降。抽气片刻后，关闭抽气阀和真空泵。等 U 形等压计两臂的液面处在同一水平时，立即记录下温度计和数字压力计上的读数（注意"−"表示系统为负压，不用记）。然后再立即打开平衡阀 2，使系统再递减 7kPa 左右，不断搅拌，等 U 形等压计两臂的液面再次处在同一水平时，读取温度计和数字压力仪上的读数。

重复以上步骤，使数字压力计上的示数每次递减压力为 7kPa 左右，完成 6 个以上实验点数据的测定。实验结束时再读一次实验室的大气压力，和开始时读取的大气压力取平均值。

实验结束后，开启平衡阀 1，使系统恢复至大气压力，打开抽气阀和平衡阀 2，释放储气罐中的压力，关闭数字压力计和冷凝水，整理实验台。

【注意事项】

1. 测定饱和蒸气压前，必须充分排净试液球与 U 形等压计间的空气，使试液球液面上全部是四氯化碳蒸气。

2. 实验进行中，勿使空气倒灌回试液球液面上方。为此，待 U 形等压计液面等高时，迅速记录相关实验数据后，立即加热或抽气减压继续实验，防止空气倒灌。如果发生倒灌，则必须重新排除空气。

3. 平衡阀 1 和平衡阀 2 的调节是实验成败的主要因素之一。因此实验时一定要仔细，适当地调节，平衡阀的开启和关闭不可用力过猛，以免损坏而影响气密性。

4. 使用真空泵时，要注意在开启和关闭真空泵前，都应使真空泵与大气接通，从而避免损坏真空泵和防止泵油倒吸入体系。

【数据记录及处理】

1. 数据记录

室温：_____℃；被测液体：_____；
实验开始时大气压力计上的读数：_____ kPa；
实验结束时大气压力计上的读数：_____ kPa；
实验时大气压力平均值：$p_{大气}$ = _____ kPa。

（1）大气压下沸点的测定记录

编号	t/℃	平均温度/℃
1		
2		
3		

（2）饱和蒸气压测定记录

温度			数字压力计读数	饱和蒸气压	
t/℃	T/K	$(1/T)$/K^{-1}	Δp/kPa	p/kPa	$\ln(p/\text{kPa})$

注：表中四氯化碳的饱和蒸气压 $p = p_{大气} - \Delta p$。（注意单位必须统一）

2. 数据处理

（1）将所读得的大气压数值进行仪器、温度和重力矫正。（参见气压计使用方法）

（2）计算不同温度下四氯化碳的饱和蒸气压，填入上表。

（3）绘制 $\ln p$-$1/T$ 图，由图求出外压为 101.325kPa 时的沸点，与四氯化碳正常沸点进行比较（76.8℃），并计算相对误差。

（4）以 $\ln p$-$1/T$ 图，求出直线斜率 k，计算实验温度范围内四氯化碳的平均摩尔蒸发焓（$\Delta_{vap} H_m = -k \cdot R$），与文献值（$\Delta_{vap} H_m = 32\text{kJ} \cdot \text{mol}^{-1}$）比较，求出相对误差。

【思考题】
1. 必须保证仪器各部分绝对不漏气，如何检查？
2. 为什么测定前要赶净试液球与U形等压计间的空气？如何判断空气已被赶净？
3. 实验过程中，为什么要防止空气倒灌？
4. 何时读取数字压力计上的压差值？所读取的数值是否就是CCl_4的饱和蒸气压？

实验 6　二元液系的气液平衡相图

【目的要求】

1. 用回流冷凝法测定环己烷-乙醇在沸点时气相和液相的组成，绘制该系统的气液平衡相图，确定恒沸混合物的组成及恒沸温度。
2. 了解阿贝折射仪的构造原理，掌握阿贝折射仪的使用。

【实验原理】

常温下，两种液态物质相互混合组成的体系称为二元液系。当两个组分能按任意比例无限互溶时，称为完全互溶的双液体系。液体的沸点是指液体的蒸气压与外压相等时的温度。在一定的外压下，纯液体的沸点是一定值。对于双液系，沸点不仅与外压有关，而且与双液系的组成有关。完全互溶双液系的沸点-组成图可分为三类：

① 对于理想溶液，或与拉乌尔定律偏差不大的二组分系统，溶液的沸点介于两种纯物质沸点之间，如图1(a)所示，用普通蒸馏方法即可将组成该溶液的两种纯物质分开。如苯-甲苯体系。

② 与拉乌尔定律有较大负偏差的二组分系统，其溶液存在最高沸点，如图1(b)所示，用普通蒸馏方法只能从该溶液中分离出某一纯物质和恒沸混合物。如盐酸-水、丙酮-氯仿体系等。

③ 与拉乌尔定律有较大正偏差的二组分系统，其溶液存在最低沸点，如图1(c)所示，用普通蒸馏方法只能从该溶液中分离出某一纯物质和恒沸混合物。如环己烷-乙醇、苯-乙醇等体系。

②、③类溶液在最高点或最低点时气-液两相的组成相同，这些点称为恒沸点，相应的组成称为恒沸组成，其对应的溶液称为恒沸混合物。

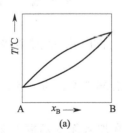
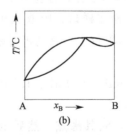
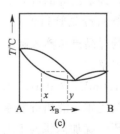

图1　完全互溶双液系的沸点-组成图

如图1所示，图中纵轴是温度T，横轴是液体B的摩尔分数x_B（或质量百分组成）。上面一条是气相线，表示混合物的沸点与气相组分的关系。下面一条是液相线，表示混合物的沸点与液相组分的关系。某一沸点温度与两条曲线上的两个交点，就是该温度下气液平衡时的气相点和液相点，其相应的组成可从横轴上获得，即 x、y。

本实验采用沸点仪测定不同组成环己烷-乙醇溶液的沸点，并收集平衡时气相和液相，用阿贝折射仪测定其折射率。首先预先测定一定温度下一系列已知组成的二组分混合溶液的折射率，绘出折射率-组成图，称为工作曲线。再从工作曲线上查得气相和液相的相应组成，然后绘制沸点-组成图。

【仪器与试剂】

仪器：沸点仪1套、阿贝折射仪1台、调压变压器1台、超级恒温槽1台、温度温差仪1台、电吹风1台、量筒（25mL）、长滴管12支、短滴管12支。

试剂：环己烷（A.R.）、乙醇（A.R.）。

【实验步骤】

1. 调节恒温槽温度

调节恒温槽温度比室温高5℃，通恒温水于阿贝折射仪中。

2. 工作曲线的溶液的配制与测定

将9支小试管编号，配制环己烷摩尔分数为 0.10、0.20、0.30、0.40、0.50、0.60、0.70、0.80、0.90 的环己烷-乙醇溶液各 10mL。计算所需环己烷和乙醇的质量，并用分析天平准确称取。用阿贝折光仪测定上述每份溶液的折射率及纯环己烷和纯无水乙醇的折射率。作折射率-组成图，即得工作曲线。

3. 测定环己烷-乙醇体系的沸点与组成

如图2所示。将洁净、干燥的沸点仪安装好，检查温度传感器与电热丝的位置。由沸点仪的侧管加入20mL乙醇，使温度传感器下端一部分进入液体中，电热丝应完全浸没于液体中。开启冷凝水，调节调压变压器至10V左右，电热丝将液体缓慢加热至沸腾，液体沸腾后，再调节电压和冷却水流量，使沸腾保持平稳状态。最初冷凝管下端的小槽内的冷凝液不能代表平衡时的气相组成。将小槽内的最初冷凝液体倾回蒸馏器，并反复2~3次，待温度温差仪上的读数恒定数分钟后，记录温度温差仪上的读数，即是乙醇的沸点。切断电源，停止加热。用干燥的长滴管自冷凝管口伸入小槽取样口，吸取气相样品，把所取的样品迅速滴入阿贝折射仪中，测其折射率。再用另一短滴管吸取沸点仪中的溶液，测其折射率。

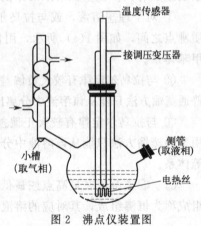

图2 沸点仪装置图

依次加入 1.0mL、2.0mL、4.0mL、8.0mL、12.0mL 环己烷，用上述方法分别准确测定溶液的沸点及气相、液相折射率。

取20mL环己烷加入沸点仪中，测其沸点。然后依次加入无水乙醇 0.2mL、0.2mL、0.3mL、0.5mL、1.0mL、2.0mL。用上述方法分别测定溶液沸点及气相、液相折射率。

实验完毕，关闭仪器和冷凝水，将各次实验后的溶液倒入回收瓶。

【注意事项】

1. 实验中可调节加热电压来控制回流速度的快慢，电压大小要适当，一般控制回流高度在

2～3cm。加热丝不能露出液面，一定要被待测液体浸没，否则通电加热会引起有机液体燃烧。

2. 在每一份样品的蒸馏过程中，由于整个体系的成分不可能保持恒定，因此平衡温度会略有变化，特别是当溶液中两种组成的量相差较大时，变化更为明显。为此每加入一次样品后，只要待溶液沸腾，正常回流1～2min后，即可取样测定，不宜等待时间过长。

3. 测定纯组分的沸点时，蒸馏瓶必须用电吹风吹干，而测定混合物时，不必吹干。

【数据记录及处理】

1. 数据记录

序号	沸点 t/℃	液相		气相	
		折射率 n_D	$w_{乙醇}$/%	折射率 n_D	$w_{乙醇}$/%

2. 数据处理

(1) 将测得的折射率-组成数据列表，并绘制成工作曲线。

(2) 从工作曲线上，根据测定的折射率，确定对应的气、液相的组成，绘制乙醇-环己烷系的沸点-组成图，从相图上找出最低恒沸温度及恒沸混合物的组成。

【思考题】

1. 如何准确测定沸点，如何判断气、液两相已达平衡？
2. 在连续测定法实验中，样品的加入量应十分精确吗？为什么？
3. 试分析产生实验误差的主要原因有哪些？

实验 7 二组分金属固-液平衡相图

【目的要求】

1. 掌握热分析法测绘 Sn-Bi 二组分金属相图的原理和方法。
2. 了解固-液相图的特点，进一步学习和巩固相律等有关知识。
3. 了解用热电偶进行测温、控温的方法和原理。

【实验原理】

在相平衡的研究中，常常用相图把多组分多相系统的相态与温度、压力、组成等变量之间的关系表示出来。二组分金属固液平衡系统是凝聚态系统，不必考虑压力对平衡的影响，所以，相律公式可表示为：

$$F(自由度数)=C(独立组分数)-P(相数)+1$$

热分析法是相图绘制工作中的一种常用的实验方法，它是将某种组成的样品加热至全部熔融成液态，然后让它缓慢而均匀地冷却，冷却过程中，每隔一定时间记录一次温度，再以温度为纵坐标，时间为横坐标，绘制温度-时间曲线，即步冷曲线，或称冷却曲线，如图1

所示,所以,热分析法也叫步冷曲线法。

由一系列组成不同的系统的冷却曲线就可以绘制出相图,如图 2 所示。

在步冷曲线中,当熔融物均匀冷却没有相变时,温度均匀下降,呈现为平滑的冷却曲线,如果冷却过程发生了相变,会有凝固热放出,补偿了向外散失的热量,使冷却速率发生改变,步冷曲线会出现转折点或水平线段。转折点或水平线段所对应的温度就是该组分的相变温度,据此可绘制出相图。

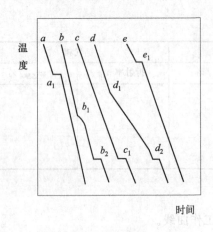
图 1 步冷曲线

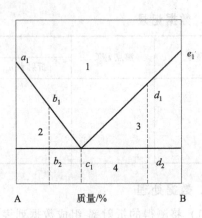
图 2 二组分金属相图

图 1 中,a 线和 e 线分别是纯金属 A 和纯金属 B 的步冷曲线,是单组分系统的步冷曲线,其中 aa_1 为液体 A 冷却过程,a_1 点曲线发生转折,表示从 a_1 开始有固体析出,a_1 后面的平台(水平线)是金属 A 相变过程,平台终点表示相变结束,后面就是固体 A 的冷却过程。e 线形状与 a 相似。

b 线、c 线和 d 线是二组分系统(A+B)的步冷曲线,b 线是 $w(A)=b\%$ 的 AB 混合物的步冷曲线。b_1 点前,是 A 和 B 的液体混合物冷却过程,本实验所用的两种金属属于液态完全互溶、固态完全不互溶系统,所以液体混合物只有一个相。冷却到 b_1 点,固体 A 开始析出,出现两个相,A(s)+l,根据相律,$F=2-2+1=1$,说明有一个自由度,若温度下降,则液体组成是温度的函数。

到达 b_2 时,固体 B 也开始析出,为三相平衡,A(s)+B(s)+l,根据相律,$F=2-3+1=0$,说明这段平台时间液体温度不变,当液相全部凝固后,$F=2-2+1=1$,温度才继续下降。平台后边的部分是固体 A 与 B 的降温过程。平台段析出的物质称为低共熔混合物,平台段对应的温度称为低共熔点。

d 线是 $w(A)=d\%$ 的 AB 混合物的步冷曲线,与 b 线类似。有一个转折点和一个水平线段。水平线对应的温度是低共熔点。

c 线是 $w(A)=c\%$ 的 AB 混合物的步冷曲线,由于它的组成正好是低共熔混合物的组成,所以在 c_1 点,液相的 A 与 B 同时开始凝固,直至完全凝固。平台后为固体低共熔混合物的降温过程。这条冷却曲线的形状与纯物质相似,只有一个水平段。

将上述五条曲线中的转折点、水平段的温度及相应的系统组成描绘在温度-组成图上,如图 2,a_1,b_1,b_2,c_1,d_1,d_2 及 e_1 点。连接 a_1,b_1,c_1 三点所构成的 a_1c_1 线是金属 A 的凝固点降低曲线;连接 e_1,d_1,c_1 三点所构成的 e_1c_1 线是金属 B 的凝固点降低曲线,通过 b_2,c_1,d_2 三点的 b_2d_2 水平线是三相平衡线。图中有四个相区,相区 1 的稳定相是 l

（液体混合物），相区 2，A(s)+l，相区 3，B(s)+l，相区 4，A(s)+B(s)，这样就画出了二组分金属 A-B 系统的相图。

热分析法测绘相图时，冷却速度必须足够慢，使被测体系一直处于接近相平衡的状态，才能得到较好的效果。实际上，冷却过程中，常常会发生过冷现象，如图 3 所示，遇此情况，如果是纯金属单组分系统，取 c 点作为转折点，如果是二组分系统，延长 dc 线与 ab 线相交，交点 e 即为转折点。

轻微过冷则有利于测量相变温度，严重过冷会使转折点发生起伏，难以确定相变温度。

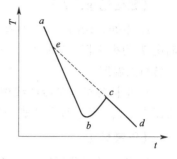

图 3　有过冷现象时的步冷曲线

【仪器与试剂】

仪器：相图测定装置 1 套、金属试管 5 支、试管架 1 只。

试剂：锡粒（A.R.）、铋粒（A.R.）。

【实验步骤】

1. 称量

分别称取配制含铋量 30%、58%、80% 的锡铋混合物各 50g，混合均匀，另外取适量的纯铋、纯锡，分别放入 5 支金属试管中（注意标记好组分），上层加少许硅油以防止金属氧化。

2. 测绘步冷曲线

本实验采用立式加热炉和内控温系一体化的相图测定装置，将试管放入立式加热炉中，将面板控制开关置于"内控"位置，温度传感器置于样品管中，将电炉面板开关置于"开"的位置，接通电源，调节"加热量调节"旋钮升温。当炉温接近所需温度时，降低加热电压，使升温减慢，以保证稳定达到所需温度，避免温度过冲影响实验。最后通过控制"冷风量调节"旋钮控制降温速度。

将样品放入加热炉中加热，到完全熔化后就开始冷却，冷却到温度测量范围的上限后开始记录温度，每隔 30s 记录一次，直到温度降至测量范围的下限。重复上述步骤测其它 4 组样品。不同组分的温度测量范围如下：

(1) 含 Bi 100%，测量温度范围为 300～240℃；

(2) 含 Bi 80%，测量温度范围为 240～110℃；

(3) 含 Bi 58%，测量温度范围为 160～110℃；

(4) 含 Bi 30%，测量温度范围为 200～110℃；

(5) 含 Sn 100%，测量温度范围为 260～200℃；

实验的关键是步冷曲线上转折点和水平线段是否明显。熔融体的冷却速率取决于体系与环境间的温差、体系的热容量、体系的热导率等因素，如果凝固热足以抵消大部分的散失热量，冷却速率足够慢，转折变化就比较明显。所以要控制好样品的降温速度，一般控制在每分钟降 5℃ 左右。

【注意事项】

1. 加热样品时要注意温度适当，过高，样品易氧化变质，过低，样品不能全部熔化，步冷曲线转折点无法测出。

2. 由于炉温过高，移动样品时要注意使用钳子，以防烫伤。

【数据记录及处理】

1. 根据记录的数据，用坐标纸作图，以时间 t 为横坐标（坐标纸上每一小格为15s），温度 T 为纵坐标（坐标纸每一小格当作2℃），作出各组分的步冷曲线，并从步冷曲线上找出转折点温度。

2. 根据各组分步冷曲线中的转折点和平台温度，绘制出 Sn-Bi 二元物系的相图，并指出图中各点、线、面所代表的意义。

【思考题】

1. 什么是热分析法？用热分析法绘制相图时应注意些什么？
2. 单组分系统与双组分系统的步冷曲线有什么不同？试用相律解释其原因。
3. 步冷曲线上为什么会出现转折点？
4. 根据实验测定结果，低共熔点是否是唯一的？为什么？
5. 实验过程中为什么要控制冷却速度，不能使其迅速冷却？

实验 8　三组分体系等温相图的绘制

【目的要求】

1. 熟悉相律公式在三组分体系中的应用，掌握三组分体系相图中点线面的意义。
2. 掌握用溶解度法绘制三组分相图的基本原理。

【实验原理】

对于恒温恒压体系，相律公式为 $F=C-P$，对于三组分体系而言，组分数 $C=3$，所以相律公式为

$$F=3-P$$

其中 P 为相数，F 为自由度数。相数 $P_{min}=1$，所以 $F_{max}=2$，因此，最多有两个浓度变量，可以用平面等边三角形来绘制三元体系的相图，其中三角形的每个顶点代表纯组分，每条边代表二组分体系的组成，三角形内的任何一点代表的是三组分体系的组成。

在三角形中任取一点 P，做三条平行于三角形边的直线，并与三条边分别交于 a、b、c 三点，如图1所示，则 P 点的 A、B、C 的组成为 A％＝Pa＝Cb，B％＝Pb＝Ac，C％＝Pc＝Ba。

若将三组分体系相图与共轭溶液溶解度曲线结合在一起，如图2所示，其中 ab 是溶解度曲线，在溶解度曲线内部是两相区，溶解度曲线外面是单相区。因此，利用体系在相变中出现的清浊现象，可以判断各组分间相互溶解度，本实验就是用向均相的三氯甲烷-醋酸体系中滴加水使之变成二相混合物的方法，确定二者之间的溶解度。

【仪器与试剂】

仪器：酸式滴定管 50mL 和碱式滴定管 50mL 各一支、磨口锥形瓶 100mL 两个、磨口锥形瓶 50mL 四个、移液管 2mL 四支、移液管 5mL 两支、10mL 一支、分液漏斗 60mL 两只、漏斗架一只。

试剂：NaOH(A.R.)、三氯甲烷(A.R.)、醋酸(A.R.)。

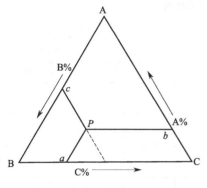

图1 三角形坐标表示三元相图

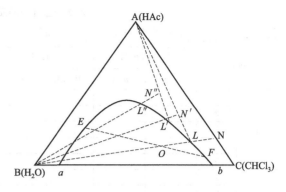

图2 具有一对共轭溶液的三组分相图

【实验步骤】

1. 在洁净的酸式滴定管中加入蒸馏水,在碱式滴定管中加入 NaOH 的标准溶液。移取 6mL 三氯甲烷和 1mL 醋酸于洁净的 100mL 的磨口锥形瓶中,边用酸式滴定管加水边不停摇晃,当溶液由清变浑即为终点,记下水的体积。再向锥形瓶中加入 2mL 的醋酸,溶液再次变回均相,再用蒸馏水滴定至由清变浑,即为终点,记下水的体积。同样的方法再依次加入 3.5mL、6.5mL 的醋酸,记下各次水的用量。最后加入 40mL 的蒸馏水,盖好塞子每 5min 振荡一次,30min 后将此溶液做测量连接线用(溶液Ⅰ)。其中三氯甲烷在水中的溶解度和水在三氯甲烷中的溶解度如表1所示。

表1 三氯甲烷在水中的溶解度和水在三氯甲烷中的溶解度

温度/K	273.2	283.2	293.2	303.2	/
$w(CHCl_3)/\%$	1.052	0.888	0.815	0.770	/
温度/K	276.2	284.2	290.2	295.2	304.2
$w(H_2O)/\%$	0.019	0.043	0.061	0.065	0.109

2. 另取一洁净的 100mL 的磨口锥形瓶,用移液管移入 1mL 三氯甲烷和 3mL 醋酸,用蒸馏水滴定至终点(滴定终点的方法跟步骤1相同),记下水的体积。再依次加入 2mL、5mL、6mL 的醋酸,分别用蒸馏水滴定至终点,记录每次所用的蒸馏水的量。最后加入 9mL 三氯甲烷和 5mL 醋酸,盖好塞子每 5min 振荡一次,30min 后将此溶液做测量连接线用(溶液Ⅱ)。

3. 分别将溶液Ⅰ和溶液Ⅱ迅速移到干净的分液漏斗中,30min 后溶液出现分层,将溶液Ⅰ上下两层液体分离,分别取上下两层溶液各 2mL,并分别放入已经称量好的 50mL 的磨口小锥形瓶中,以酚酞作指示剂并用 $0.5mol \cdot L^{-1}$ 的 NaOH 溶液标准溶液滴定全终点。用同样的方法对溶液Ⅱ分液、取液、称量并滴定。

【实验注意事项】

1. 所用的玻璃器皿必须干净洁净,且均需干燥,因为反应体系中含有水。

2. 在滴加水的过程中必须边加边振荡,较长时间的振荡过程中锥形瓶必须加塞,以免组分挥发影响结果。当观察到浑浊且在 1~2min 内不消失,说明滴定到达终点。在接近终点时滴加应该缓慢且多加振摇,这时溶液接近饱和,溶液平衡需较长的时间。

【数据记录及处理】

1. 将实验数据以及由实验数据算出的各组分的质量和质量分数填入表2和表3。

表 2　各组分的质量和质量分数

温度：_____K；大气压：_____kPa。

序号		CH₃COOH		CHCl₃		H₂O		w/%		
		V/mL	m/g	V/mL	m/g	V/mL	m/g	CH₃COOH	CHCl₃	H₂O
Ⅰ	1									
	2									
	3									
	4									
	5									
Ⅱ	1									
	2									
	3									
	4									
	5									

表 3　醋酸的质量分数记录　　$c(\text{NaOH}) = $ _____ $\text{mol} \cdot \text{L}^{-1}$

溶液		m(溶液)/g	V(NaOH)/mL	w(CH₃COOH)/%
Ⅰ	上			
	下			
Ⅱ	上			
	下			

2. 数据处理

(1) 根据各点的质量分数在三角坐标纸上标出相点，同时利用表1中水在三氯甲烷中的溶解度和三氯甲烷在水中的溶解度标出 BC 边上的相点，将所有相点连成线即为溶解度曲线。

(2) 连接线的绘制。根据计算得到的醋酸的质量分数在溶解度曲线上分别找出溶液Ⅰ和溶液Ⅱ共轭相的相点，相应共轭相的相点的连接线通过两相平衡系统的物系点。

【思考题】

1. 为何可以根据体系由清变浑的现象界定相界面？
2. 如果连接线不经过物系点，其原因可能是什么？
3. 根据实验相图，指出向1000g 三氯甲烷和醋酸质量比为 6:4 的溶液中加入多少克水才出现浑浊，此时物系点的组成是多少？

实验 9　氨基甲酸铵分解反应平衡常数的测定

【目的要求】

1. 掌握用等压法测定不同温度下氨基甲酸铵的分解压力的操作方法。
2. 掌握分解反应平衡常数的计算及其热力学函数间的关系。

【实验原理】

氨基甲酸铵是合成尿素的中间产物，白色固体，不稳定，易分解为 NH_3 和 CO_2：

$$NH_2COONH_4(s) \rightleftharpoons 2NH_3(g) + CO_2(g)$$

该反应为可逆的复相反应,正、逆相都容易进行。若不将分解产物从系统中移去,则很容易达到平衡,在常压下其压力平衡常数可近似表示为:

$$K_p = p_{NH_3}^2 \, p_{CO_2} \tag{1}$$

式中,p_{NH_3},p_{CO_2} 分别表示反应温度下 NH_3 和 CO_2 平衡时的分压。设分解系统的总压为 p,固态物质 NH_2COONH_4 的分压很小,可忽略不计,体系的总压 $p = p_{NH_3} + p_{CO_2}$。从化学反应计量方程式可知:

$$p_{NH_3} = \frac{2}{3}p, \quad p_{CO_2} = \frac{1}{3}p \tag{2}$$

将式(2)代入式(1)得:

$$K_p = \frac{4}{27}p^3$$

所以,标准平衡常数为:

$$K^\ominus = \left(\frac{2p}{3p^\ominus}\right)^2 \left(\frac{p}{3p^\ominus}\right) = \frac{4}{27}\left(\frac{p}{p^\ominus}\right)^3 \tag{3}$$

因此,将固体氨基甲酸铵放入一个抽成真空的容器中,在一定的温度下使其发生分解并达平衡,测出其总压 p,就可以计算出平衡常数。

标准平衡常数随温度的变化规律可用范特霍夫方程表示:

$$\frac{d\ln K^\ominus}{dT} = \frac{\Delta_r H_m^\ominus}{RT^2} \tag{4}$$

式中,T 为热力学温度;$\Delta_r H_m^\ominus$ 为标准摩尔反应焓。当温度变化范围不大时,$\Delta_r H_m^\ominus$ 可视为常数,积分式(4)可得:

$$\ln K^\ominus = -\frac{\Delta_r H_m^\ominus}{RT} + C \quad (C \text{ 为积分常数}) \tag{5}$$

若以 $\ln K^\ominus$ 对 $1/T$ 作图,得一直线,其斜率为 $-\frac{\Delta_r H_m^\ominus}{R}$,由此可求出 $\Delta_r H_m^\ominus$。

根据下面两式可求出标准吉布斯自由能变化 $\Delta_r G_m^\ominus$ 和标准摩尔熵变 $\Delta_r S_m^\ominus$:

$$\Delta_r G_m^\ominus = -RT\ln K^\ominus \tag{6}$$

$$\Delta_r S_m^\ominus = \frac{\Delta_r H_m^\ominus - \Delta_r G_m^\ominus}{T} \tag{7}$$

因此通过测定一定温度范围内某温度的氨基甲酸铵的分解压(平衡总压),就可以利用上述公式分别求出 $K^\ominus$、$\Delta_r H_m^\ominus$、$\Delta_r G_m^\ominus$ 和 $\Delta_r S_m^\ominus$。

实验装置如图 1 所示,等压计中的封闭液通常选用邻苯二甲酸二壬酯、硅油或石蜡等蒸气压小且不与系统中任何物质发生化学反应的液体。

【仪器与试剂】

仪器:实验装置1套、真空泵1台、低真空测压仪1台、恒温槽1台。

试剂:氨基甲酸铵、石蜡。

【实验步骤】

1. 装样。将氨基甲酸铵粉末小心装入已烘干的样品球,与装好液体石蜡的等压计连接

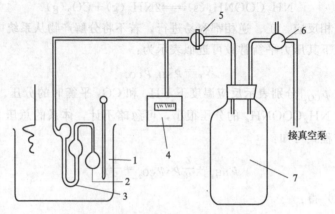

图 1　测定氨基甲酸铵分解压装置图

1—恒温槽；2—样品球；3—等压计；4—低真空数字测压仪；5—活塞；6—三通活塞；7—缓冲瓶

好，使之形成液封。按图 1 所示安装仪器。

2. 检漏。开动真空泵，旋转活塞 5 和 6 使体系与真空泵相通，此时测压仪读数不断减小，当测压仪示数约为 60kPa 时，关闭活塞 5，调节三通活塞使真空泵与大气相通，关闭真空泵。若测压仪读数在 5min 内没有变化，则表示系统不漏气。若有漏气，应仔细检查各接口处，直到不漏气为止。

3. 恒温槽中加水至没过样品球和等压计，调节恒温槽温度为 25.0℃。旋转活塞 5 和 6 使体系与真空泵相通，开启真空泵，将系统中的空气排出，约 1min 后，缓缓开启三通活塞，慢慢将空气放入系统，直至等压计两边液面处于同一水平时，立即关闭三通活塞，若 5min 内两液面保持不变，则可读取测压仪的读数，即为氨基氨酸分解的平衡压力。然后调节三通活塞 6 使系统与大气相通，再重复测定一次，如果两次测定结果差值在 0.2kPa 之内，则可改变温度继续实验。如果两次结果相差较大，说明空气没抽净，应再重复一次。

4. 用同样的方法测定 27.0℃、30.0℃、32.0℃、35.0℃、37.0℃时的分解压力。

5. 实验完毕，调节三通活塞将空气放入系统中至测压仪读数为零，切断电源。

【注意事项】

1. 必须充分排除样品小球内的空气。
2. 实验过程中放进空气的操作要缓慢，以免空气进入平衡体系中。
3. 体系必须达平衡后，才能读取测压仪读数。

【数据记录及处理】

1. 数据记录

$t/℃$	25.0	27.0	30.0	32.0	35.0	37.0
p/kPa						
$K^{\ominus}$						

2. 数据处理

(1) 计算各温度下氨基甲酸铵的分解压力及氨基甲酸铵分解反应的平衡常数 $K^{\ominus}$。

(2) 以 $\ln K^{\ominus}$ 对 $1/T$ 作图，由直线斜率计算氨基甲酸铵分解反应的 $\Delta_r H_m^{\ominus}$。

(3) 计算 25℃时氨基甲酸铵分解反应的 $\Delta_r G_m^{\ominus}$ 和 $\Delta_r S_m^{\ominus}$。

【思考题】

1. 为什么一定要排净样品球中的空气？若体系有少量空气，对实验有何影响？
2. 如何判断氨基甲酸铵分解已达平衡？未平衡测数据将有何影响？
3. 当空气通入系统时，若通得过多有何现象发生？如何克服？
4. 等压计中的封闭液如何选择？

实验 10 差热分析

【目的要求】

1. 用差热分析仪测定 $CuSO_4 \cdot 5H_2O$ 的差热分析图，并对差热图谱进行定性解释。
2. 掌握差热分析仪的工作原理及使用方法。

【实验原理】

差热分析（Differential Thermal Analysis，简称 DTA）就是在程序控温条件下，测量样品与参照物的温差随温度或时间的变化关系。

差热分析装置示意图如图 1 所示。它由带有控温装置的加热炉、放置样品和参照物的坩埚、测温热电偶、差热信号放大单元和记录仪单元组成。将样品 S 和参照物 R 放入坩埚中进行程序升温，两支相同材料的热电偶分别置于样品和参照物的中心，并将其并联在一起。测量它们的温差和温度。差热分析中温差信号很小，一般只有几微伏到几十微伏，因此需将差热信号放大后在记录仪单元绘出差热分析曲线。

理想的差热分析图如图 2 所示。图中的纵坐标表示样品和参照物之间的温度差 ΔT，横坐标表示温度 T 或时间 t。如果参照物和样品的热容大致相同，而样品又无热效应，两者的温度差非常微小，此时得到的是一条平滑的基线 AB。随着温度的上升，样品发生物理、化学变化时，产生了热效应，在差热分析曲线上就出现一个峰，如图 2 中的 BCD 和 EFG。热效应越大，峰的面积也越大。在差热分析中规定：峰顶向上的峰为放热峰，表示样品的温度高于参照物。相反，峰顶向下的为吸热峰，则表示样品的温度低于参照物。

差热分析图中峰位置、面积和方向反映了物质变化的本质；其宽度、高度和对称性，除与测定条件有关外，往往还取决于样品变化过程的各种动力因素。因此实际测得的差热分析图比理想的差热分析图要复杂一些。

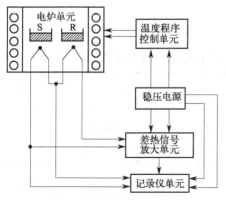

图 1 差热分析装置示意图

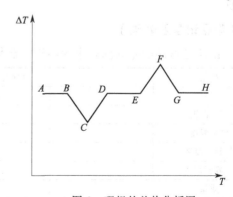

图 2 理想的差热分析图

样品的相变热 ΔH 可按下式计算：

$$\Delta H = \frac{K}{m}\int_b^d \Delta T \mathrm{d}\tau$$

式中，m 为样品质量；b、d 分别为峰的起始、终止时刻；ΔT 为时间 τ 内样品与参照物的温差；$\int_b^d \Delta T \mathrm{d}\tau$ 代表峰面积；K 为仪器常数，可用数学方法推导，但较麻烦，本实验用已知热效应的物质进行标定。已知纯锡的熔化热为 $59.36 \times 10^{-3} \mathrm{J \cdot mg^{-1}}$，可由锡的差热峰面积求得 K 值。

【仪器试剂】

仪器：差热分析仪（CDR 型）1 套。

试剂：α-Al_2O_3（A.R.）、$CuSO_4 \cdot 5H_2O$（A.R.）、Sn（A.R.）。

【实验步骤】

1. 开启差热分析仪电源开关，预热 20min，开启计算机电源开关。
2. 称量约 5mg 锡放入坩埚中，在另一只坩埚中放入质量基本相等的参照物 α-Al_2O_3。轻轻抬起炉体，将样品坩埚放在左侧托盘上，参照物坩埚放在右侧的托盘上。轻轻地放下加热炉体。
3. 设置参数值，按一下设置键，最高温度设定在 300℃，将升温速度设定为 10℃·min^{-1}，退出设置状态。
4. 按"RUN"按钮开始实验，将差热分析仪软件打开，点击开始测试。记录温度或温差随时间变化的曲线，直到运行结束，实验完毕。
5. 打开炉盖，取出坩埚，待炉温降至 50℃以下时，换上 $CuSO_4 \cdot 5H_2O$，按上述步骤操作。
6. 重复上述步骤操作，将升温速度设定为 5℃·min^{-1}。
7. 实验完毕，抬起记录笔，关闭仪器电源开关。

【注意事项】

1. 坩埚一定要清理干净，否则不仅埚垢影响导热，杂质在受热过程中也会发生物理化学变化，影响实验结果的准确性。
2. 样品必须研磨得很细，否则差热峰不明显；但也不宜太细，一般差热分析样品研磨到 200 目为宜。两者装填在坩埚中的紧密程度应尽量相同。
3. 做实验时，放完试剂后，炉子一定要向下放好，如没有放好炉子，实验时会把加热炉烧断。

【数据记录及处理】

1. 由所测样品的差热图，求出各峰的起始温度和峰温，将数据列表记录。

样品	$CuSO_4 \cdot 5H_2O$			Sn
峰号	1	2	3	
峰顶温度				
结束温度				
外延点温度				
峰面积				
质量				

2. 求出所测样品的相变热。由锡的差热峰面积求得 K，然后求出样品 $CuSO_4 \cdot 5H_2O$ 的热效应值。

3. 样品 $CuSO_4 \cdot 5H_2O$ 的三个峰各代表什么变化，写出反应方程式。根据实验结果，结合无机化学知识，推测 $CuSO_4 \cdot 5H_2O$ 中 5 个 H_2O 的结构状态。

【思考题】

1. 在实验中为什么要选择适当的样品量和适当的升温速度？
2. 差热曲线的形状与哪些因素有关？影响差热分析结果的主要因素是什么？
3. DTA 和简单热分析（步冷曲线法）有何异同？

4.2 电化学基础实验

实验 11 醋酸电离常数的测定（电导率法）

【目的与要求】

1. 通过实验了解溶液电导、电导率、摩尔电导率等基本概念及相互关系。
2. 掌握用电导率仪测量溶液电导率的方法和技术。
3. 用电导率法测定醋酸的电离常数。

【实验原理】

电导是描述电解质溶液导电能力大小的物理量，其值为电阻的倒数，电导的单位为 S（西门子），$1S=1\Omega^{-1}$。电阻率的倒数称为电导率，用 κ 表示，其单位为 $S \cdot m^{-1}$。

对电解质溶液来说，电导率是指电极板的面积均为 $1m^2$，电极间距离为 1m 的两个平行电极之间的电解质溶液的电导。如果将含有 1mol 电解质的溶液置于相距为 1m 的两个平行电极之间，此时溶液的电导称为摩尔电导率，用符号 Λ_m 表示。

摩尔电导率 Λ_m 与浓度 c 的关系如下：

$$\Lambda_m = \frac{\kappa}{c} \tag{1}$$

注意，式中，Λ_m 的单位是 $S \cdot m^2 \cdot mol^{-1}$，$\kappa$ 的单位是 $S \cdot m^{-1}$，所以，浓度的单位应该取 $mol \cdot m^{-3}$，物质的量浓度的单位通常是 $mol \cdot dm^{-3}$ 或 $mol \cdot L^{-1}$，计算时要注意单位换算。

电导率 $1\mu S \cdot cm^{-1} = 10^{-4} S \cdot m^{-1}$

浓度 $1 mol \cdot m^{-3} = 10^{-3} mol \cdot dm^{-3}$

醋酸在水中为弱电解质。在一定温度下，醋酸在水溶液中电离达到平衡时其电离平衡常数 $K^{\ominus}$ 与电离度 α 和浓度 c 有如下关系：

$$CH_3COOH \rightleftharpoons H^+ + CH_3COO^-$$

平衡时　　　$c(1-\alpha)$　　　　$c\alpha$　　　$c\alpha$

$$K^{\ominus} = \frac{(c/c^{\ominus})\alpha^2}{1-\alpha} \quad 简写为 \quad K^{\ominus} = \frac{c\alpha^2}{1-\alpha} \tag{2}$$

在一定温度下，$K^{\ominus}$ 是一常数，因此测定醋酸在不同浓度下的电离度，代入式(2) 即可算出 $K^{\ominus}$ 值，其中 $c^{\ominus}$ 为标准态浓度，等于 $1\mathrm{mol \cdot L^{-1}}$。

弱电解质的电离度 α 随溶液稀释而增加，即在一定浓度范围内随着溶液的稀释，溶液中离子浓度增大。对于弱电解质，可以近似认为，溶液的摩尔电导率 Λ_m 仅与溶液中离子的浓度成正比。当弱电解质溶液在无限稀释时，弱电解质几乎全部电离，α 趋于 1，此时溶液的摩尔电导率为最大值，即，无限稀释摩尔电导率 Λ_m^{∞}。

在一定温度下，弱电解质溶液在浓度 c 时的电离度 α 与摩尔电导率 Λ_m 的关系为：

$$\alpha = \frac{\Lambda_m}{\Lambda_m^{\infty}} \tag{3}$$

$$K^{\ominus} = \frac{c(\Lambda_m)^2}{\Lambda_m^{\infty}(\Lambda_m^{\infty} - \Lambda_m)} \tag{4}$$

25℃时 $\Lambda_{m(HAc)}^{\infty} = \Lambda_{m(H^+)}^{\infty} + \Lambda_{m(Ac^-)}^{\infty} = 0.03498 + 0.00409 = 0.03907 \mathrm{S \cdot m^2 \cdot mol^{-1}}$

测得一定温度下某一溶液的电导率即可求得 Λ_m，再查表求出该温度下的 $\Lambda_{m(HAc)}^{\infty}$，代入式(4)，最后可以算出醋酸的电离常数 $K^{\ominus}$。

【仪器与试剂】

仪器：玻璃缸恒温槽 1 套、SLDS-Ⅰ型电导率仪 1 台、铂黑电极 1 支、试管（带电导池）1 支、移液管（25mL）1 支、容量瓶（50mL）2 只。

试剂：$0.1\mathrm{mol \cdot L^{-1}}$ 醋酸溶液、蒸馏水。

【实验步骤】

1. 调节恒温槽温度（25.0±0.1)℃。
2. 预热电导率仪并进行调整。打开电导率仪电源开关后，预热 15min。
3. 醋酸溶液电导率的测定。将电极插头插入电导率仪电极插口，电极和试管均用待测液洗涤三次（注意不要损坏电极和试管），然后放入被测醋酸溶液（$c/16$），置于恒温槽中恒温 5~10min，测量其电导率。重复测量两次。
4. 用同样方法分别测量：$c/8$、$c/4$、$c/2$、c 的醋酸溶液的电导率。
5. 调节恒温槽温度至（35.0±0.1)℃，重复 2~4 步再进行一遍。
6. 实验结束后，切断电源，放好仪器，并用蒸馏水将铂电极冲洗三次，然后浸入蒸馏水中备用。

【注意事项】

1. 实验中温度应保持恒定。
2. 电导电极不用时，应浸在去离子水中，以免干燥使表面发生改变。
3. 测定不同溶液的电导率时，电导电极一定要洗净、吸干。注意不要用纸摩擦电极表面，以免引入误差。但在同一类溶液不断稀释时，因电导电极一直插入其中，不必特意清洗。

【数据记录及处理】

电极常数：_____；实验温度：_____℃；蒸馏水电导率：_____（$\mathrm{S \cdot m^{-1}}$）。

$c/(\text{mol} \cdot \text{L}^{-1})$	次数	$\kappa/(\text{S} \cdot \text{m}^{-1})$	$\Lambda_\text{m}/(\text{S} \cdot \text{m}^2 \cdot \text{mol}^{-1})$	$K^\ominus$
$c/16$	1			
	2			
$c/8$	1			
	2			
$c/4$	1			
	2			
$c/2$	1			
	2			
c	1			
	2			

注：若蒸馏水的电导率大于 $10\text{S} \cdot \text{m}^{-1}$，则需要校正所测溶液的电导率，即为 $\kappa = \kappa_{实验值} - \kappa_{水}$

【思考题】

1. 测量 HAc 溶液时为什么要由稀到浓？
2. 恒温槽的恒温原理是什么？
3. 溶液的电导率、摩尔电导率与浓度的关系是什么？
4. 用电导率仪测溶液电导率时应注意什么问题？

实验 12　原电池电动势的测定

【目的要求】

1. 掌握用补偿法测定电动势的原理及电位差计的使用方法。
2. 加深可逆电池、电极电势等概念，熟悉有关电动势和电极电势的基本计算。

【实验原理】

1. 电极电势和电池电动势

把原电池的两个电极用导线和盐桥连接起来可以产生电流，说明两个电极之间存在电势差。通常把金属和它的盐溶液之间因形成双电层而产生的电势差叫做电极电势，电极电势大小主要取决于电极的本性，并受温度、介质和离子浓度等因素影响。

电极电势的绝对值无法测定，因此在电化学中将标准氢电极的电极电势规定为 0V，所谓标准氢电极，就是在 298.15K 时，把表面镀有铂黑的铂片置于氢离子浓度（严格地说，应该是活度）为 $1.0 \text{mol} \cdot \text{L}^{-1}$ 的硫酸溶液中，并不断地通入压力为 100kPa 的纯氢气，使铂黑吸附氢气达到饱和，此时，溶液中的氢离子与铂黑所吸附的氢气建立了动态平衡，电极反应如下：

$$2\text{H}^+(1.0\text{mol} \cdot \text{L}^{-1}) + 2\text{e}^- \rightleftharpoons \text{H}_2(\text{g}, 100\text{kPa})$$

原电池由两个"半电池"组成，每个半电池中包含一个电极和相应的电解质溶液。电池在放电过程中，正极发生还原反应，负极发生氧化反应。

以 Cu-Zn 电池为例，电池符号如下：

$$Zn(s) | ZnSO_4(c_1) \| CuSO_4(c_2) | Cu(s)$$

符号"|"表示固相（Zn 或 Cu）和液相（$ZnSO_4$ 或 $CuSO_4$）的两相界面；"∥"表示连通两个液相的"盐桥"；c_1 和 c_2 分别为 $ZnSO_4$ 和 $CuSO_4$ 的物质的量浓度。

负极反应　$Zn \longrightarrow Zn^{2+} + 2e^-$

正极反应　$Cu^{2+} + 2e^- \longrightarrow Cu$

电池总反应　$Zn + Cu^{2+} \Longleftrightarrow Zn^{2+} + Cu$

将标准氢电极与待测电极组成原电池，测定其电动势，则该电池的电动势即为待测电极的电极电势。由于氢电极使用不方便，故在实际测量中常采用具有稳定电势的电极作为第二类参比电极，如饱和甘汞电极来测定待测电极的电极电势。

电池电动势 E 可以用正负极的电极电势的差值表示：$E = E_+ - E_-$。

根据能斯特方程，Cu-Zn 电池的电动势为：

$$E = E_+ - E_- = \left[E^{\ominus}_{Cu^{2+}/Cu} - \frac{RT}{zF} \ln \frac{1}{c(Cu^{2+})} \right] - \left[E^{\ominus}_{Zn^{2+}/Zn} - \frac{RT}{zF} \ln \frac{1}{c(Zn^{2+})} \right]$$

所以，
$$E = E^{\ominus} - \frac{RT}{zF} \ln \frac{c(Zn^{2+})}{c(Cu^{2+})}$$

式中，E 和 $E^{\ominus}$ 分别是任意状态和标准状态时的电池电动势；R 是摩尔气体常数；z 是反应中转移的电子的物质的量；F 是法拉第常数，其值为 96487 C·mol^{-1}；T 是热力学温度。

2. 根据测定的电动势值计算溶液的 pH 值。

醌（$C_6H_4O_2$，用 Q 表示）和氢醌[$C_6H_4(OH)_2$，用 QH_2 表示]以等物质的量混合，在水中有如下电极反应：

$$Q + 2H^+ + 2e^- \Longleftrightarrow QH_2$$

称其为醌氢醌电极，它是一种可逆氧化还原电极，醌氢醌在水溶液中溶解度小，易建立平衡，其电极电势与氢离子浓度有关，所以是一种氢离子指示电极，可用于测定溶液的 pH 值，测量的精确度较高，但是当处于 pH 值大于 8.5 的溶液时，醌氢醌电极不稳定，无法测量。

醌氢醌电极的电极电势为：

$$E_{醌氢醌} = E^{\ominus}_{醌氢醌} - \frac{RT}{zF} \ln \frac{c(QH_2)}{c(Q)[c(H^+)]^2}$$

在水溶液中，氢醌的电离度很小，可以认为 $c(QH_2) \approx c(Q)$，因此可得：

$$E_{醌氢醌} = E^{\ominus}_{醌氢醌} - \frac{2.303RT}{F} pH$$

若将醌氢醌电极与饱和甘汞电极组成电池

$$Hg(l) | Hg_2Cl_2(s) | KCl(饱和) \| H^+(c_{H^+}), Q \cdot QH_2(饱和) | Pt(s)$$

$$E = E_+ - E_- = E_{醌氢醌} - E_{甘汞} = E^{\ominus}_{醌氢醌} - \frac{2.303RT}{F} pH - E_{甘汞}$$

所以，
$$pH = \frac{E^{\ominus}_{醌氢醌} - E_{甘汞} - E}{2.303RT/F}$$

上式中，$E^{\ominus}_{醌氢醌}$、$E_{甘汞}$、$2.303RT/F$ 等都和实验时的温度有关，计算时要考虑温度补偿：

$$2.303RT/F = 0.057 + 2 \times 10^{-4}(t - 25)$$

$$E^{\ominus}_{醌氢醌} = 0.6994 - 7.4 \times 10^{-4}(t-25)\text{V}$$
$$E_{甘汞} = 0.2412 - 7.6 \times 10^{-4}(t-25)\text{V}$$

上面三个式子中，t 为室温，单位为℃。

3. 补偿法测定电动势的原理

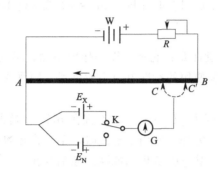

图 1　原电池电动势测定原理图

E_X—待测电池的电动势；E_N—标准电池电动势；K—电键；G—检流计；
W—工作电池；R—调节电阻；AB—均匀精密电阻；C、C'—电阻接触点

电池电动势的测量必须在可逆条件下进行。即要求电池电极反应是可逆的，并且不存在不可逆的液接界，因此，通常采用盐桥来减小或消除液接电势。同时要求电池必须在可逆条件下工作，即充、放电过程都必须在准平衡状态下进行，此时只允许有无限小的电流通过电池。一般采用电位差计，根据补偿法原理进行测定，如图 1 所示。首先根据标准电池电动势，进行电位差计标准化。此时将电键 K 指向标准电池，调节电阻接触点的位置至 C'（由标准电池 E_N 值的小数点后第 4 位和第 5 位决定），再调节电阻 R，使检流计中无电流通过，即标准电池的电动势与 AC' 段的电压大小相等且方向相反。固定电阻 R。此时，工作回路中的电流达到标准电流，$I = E_N / R_{AC'}$。然后，将电建 K 指向待测电池，调节电阻接触点的位置至 C，使检流计中无电流通过，即待测电池的电动势与 AC 段的电压大小相等且方向相反。AC' 段和 AC 段的电压与精密电阻的长度成正比，则待测电池的电动势为：$E_X = E_N (\overline{AC}/\overline{AC'})$。

【仪器与试剂】

仪器：UJ-25 型直流电位差计 1 台、数字检流计 1 台、标准电池（BC-3 型）、饱和甘汞电极、银电极、铂电极、铜电极、盐桥、导线。

试剂：饱和 KCl 溶液、$AgNO_3$（0.100 mol·L^{-1}）、$CuSO_4$（0.100 mol·L^{-1}）、未知 pH 溶液、醌氢醌（A. R.）。

【实验步骤】

1. 将标准电池、工作电池、检流计、待测电池两极接至电位差计，注意正、负极不能接错。待测电池的两个半电池溶液用盐桥连接。

2. 根据标准电池的电动势，调节电位差计上标准电池温度补偿旋钮。将转换开关拨至"N"挡，依次按下电计按钮"粗""细"，调节工作电流旋钮使检流计示零。将转换开关拨到"X_1"或"X_2"的位置，依次按下电计按钮"粗""细"，由大向小依次旋转 6 个测量旋钮，使检流计示零。读出 6 个旋钮的示数即为被测电池的电动势。实验完毕，把盐桥浸入蒸

馏水中，电位差计复原，关闭检流计。

3. 采用上述方法，测定以下三个原电池的电动势，每个原电池重复测定 3 次。

(1) $Hg(l)|Hg_2Cl_2(s)|KCl(饱和) \parallel$ 由醌氢醌饱和的未知 pH 溶液$|Pt(s)$

(2) $Hg(l)|Hg_2Cl_2(s)|KCl(饱和) \parallel AgNO_3(0.100mol \cdot L^{-1})|Ag(s)$

(3) $Hg(l)|Hg_2Cl_2(s)|KCl(饱和) \parallel H^+(pH=x), Q \cdot QH_2(饱和)|Pt(s)$

【注意事项】

1. 标准电池的使用要特别注意：它不可以当作电源用；不允许有大于 10^{-4}A 的电流通过；正负极不能接错；本实验使用的标准电池不能倒置、倾倒或者摇动；每隔一年左右，需要重新校正其电动势一次。

2. 醌氢醌电极的使用范围为 pH=1~8，不宜在 pH>8 情况下使用，因为此时氢醌会发生电离并容易被空气氧化。另外，使用该电极时，不允许在溶液中含硼酸或硼酸盐，因为这时氢醌会生成配合物，在有其它强氧化剂或强还原剂存在时，亦不宜使用该电极。

【数据记录及处理】

1. 数据记录

室温：_____℃，标准电池电动势：_____V。

待测原电池序号	测定值 E/V			平均值 E/V
	1	2	3	
(1)				
(2)				
(3)				

2. 数据处理

(1) 利用公式计算室温时饱和甘汞电极的电极电势，根据测得的电池（1）及（2）的电动势值，分别计算铜电极和银电极的电极电势。

(2) 由电池（3）计算未知溶液的 pH 值。

【思考题】

1. 盐桥的作用是什么？在测定电池（2）时，如用电池（1）用过的盐桥，需用洗瓶将盐桥的两端淋洗干净，同时注意切勿将浸入饱和 KCl 溶液的一端再浸入 $AgNO_3$ 溶液中，这是为什么？

2. 补偿法测电池电动势的基本原理是什么？为什么用伏特计不能准确测定电池电动势？

3. 在测量电动势过程中，若检流计光点总是往一个方向偏转（数字检流计则一直升高或降低），可能是什么原因？

实验 13　电动势法测定化学反应的热力学函数

【目的要求】

1. 掌握用电动势法测定化学反应的热力学函数的原理及方法。
2. 学会银-氯化银电极的制备方法。

【实验原理】

化学反应的 $\Delta_r H_m$、$\Delta_r S_m$、$\Delta_r G_m$ 等热力学函数可以用热化学方法测定,也可以用电化学方法测量。将化学反应设计成可逆电池,测定电池电动势 E 即可求算出相应电池反应的热力学函数。在恒温、恒压、可逆条件下,电池电动势的吉布斯自由能改变值等于对外所做的最大非体积功,如果非体积功只有电功一种,则

$$(\Delta_r G_m)_{T,p} = -zFE \tag{1}$$

式中,z 为电极反应中得失电子的数目;E 为原电池的电动势,单位为 V;F 为法拉第常数。

根据吉布斯-亥姆霍兹公式:

$$\Delta_r G_m - \Delta_r H_m = T\left(\frac{\partial \Delta_r G_m}{\partial T}\right)_p \tag{2}$$

将式(1) 代入式(2) 后,可得:

$$\Delta_r H_m = -zFE + zFT\left(\frac{\partial E}{\partial T}\right)_p \tag{3}$$

$$\Delta_r S_m = zF\left(\frac{\partial E}{\partial T}\right)_p \tag{4}$$

因此,将化学反应设计成可逆电池,在恒压下,测定在不同温度下可逆电池的电动势 E,将电动势 E 对温度 T 作图,即可由直线斜率求算出任一温度下的 $\left(\frac{\partial E}{\partial T}\right)_p$ 值。利用式(3) 和式(4),即可求得该反应在一定温度下的热力学函数 $\Delta_r H_m$ 和 $\Delta_r S_m$。

本实验测定下列电池的电动势:

$$\text{Ag(s)} | \text{AgCl(s)} | \text{饱和 KCl 溶液} \parallel \text{Hg}_2\text{Cl}_2\text{(s)} | \text{Hg(l)}$$

负极:$\text{Ag} + \text{Cl}^- \longrightarrow \text{AgCl} + \text{e}^-$

其电极电势为:$E_{\text{Cl}^-/\text{AgCl/Ag}} = E^{\ominus}_{\text{Cl}^-/\text{AgCl/Ag}} - \frac{RT}{F}\ln c(\text{Cl}^-)$

正极:$\text{Hg}_2\text{Cl}_2 + 2\text{e}^- \longrightarrow 2\text{Hg} + 2\text{Cl}^-$

其电极电势为:$E_{\text{甘汞}} = E^{\ominus}_{\text{甘汞}} - \frac{RT}{F}\ln c(\text{Cl}^-)$

电池总反应为:$2\text{Ag} + \text{Hg}_2\text{Cl}_2 \Longleftrightarrow 2\text{Hg} + 2\text{AgCl}$

电池电动势为 $E = E_{\text{甘汞}} - E_{\text{Cl}^-/\text{AgCl/Ag}} = E^{\ominus}_{\text{甘汞}} - E^{\ominus}_{\text{Cl}^-/\text{AgCl/Ag}}$

显然,如果在 298.15K 测定该电池电动势,即可得到 $\Delta_r G^{\ominus}_{m,298.15K}$,如果在不同温度下测定相应的电池电动势,就可求出 $\Delta_r H^{\ominus}_{m,298.15K}$ 和 $\Delta_r S^{\ominus}_{m,298.15K}$。

【仪器与试剂】

仪器:恒温槽 1 套、SDC-Ⅱ型数字电位差计 1 台、饱和甘汞电极 1 支,铂丝电极。

试剂:KCl(A.R.)、HCl(0.1000mol·L^{-1})、镀银溶液。

【实验步骤】

1. 制备银-氯化银电极

将一支表面经过清洁处理的铂丝电极作阴极,另取一支铂丝电极作阳极,置于镀银溶液中,如图 1 所示。控制电流密度为 2mA,电镀 60min,电极表面将形成一层致密的银。取出电极洗净,然后插入盛有 0.1000mol·L^{-1} HCl 溶液中,以镀银电极为阳极,另一铂丝电

极为阴极,其装置同上,电流密度控制在 2~4mA。在此过程中要注意观察,直到银电极表面出现一层紫褐色(即 AgCl),即可停止电镀。将电极取出,用蒸馏水洗净,浸入 KCl 溶液中,贮藏于暗处。

2. 电动势的测定

(1) 将制得的银-氯化银电极和甘汞电极组成原电池,放入恒温槽中,首先恒温槽恒温至 20℃,用数字电位差计测定该温度下的电动势。

(2) 将数字电位差计与交流 220V 电源连接,打开电源开关,预热 15min。

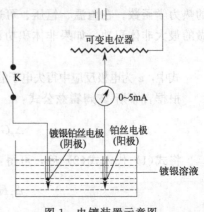

图 1 电镀装置示意图

(3) 采用"内标"校验时,将"测量选择"置于"内标"位置,调节"$\times 10^0$"位旋钮置于"1","补偿"旋钮逆时针旋到底,其他旋钮置于"0",此时"电位指示"显示"1.00000" V。待"检零指示"显示数稳定后,按一下"采零"键,此时,检零指示应显示"0000"。

(4) 将"测量选择"置于"测量"。用测试线将被测电池的"+""−"极性与面板"测量"插孔连接好。调节"$\times 10^0 \sim \times 10^{-4}$"五个旋钮,使"检零指示"显示数值为负且绝对值最小。调节"补偿"旋钮,使检零指示显示"0000",此时"电位指示"数值即为被测电池的电动势值。

(5) 用同样的方法,将恒温槽温度分别调整到 25℃、30℃、35℃,恒温 15min 后,测定电池的电动势。每个温度下重复测定 2 次。

【注意事项】

1. 测定电池电动势时,确保氯化钾溶液达到饱和。
2. 保证恒温时间,即在恒温槽温度上升至预订温度后,再继续恒温 5min,使电池温度达到充分平衡。
3. 镀银溶液的配制:在 50mL 蒸馏水中加入 3g AgNO$_3$ 和 7mL 氨水,加入 60g KI 搅棒至溶解,然后用蒸馏水稀释至 100mL。

【数据记录及处理】

1. 数据记录

次数	1	2	3	4	5	6	7	8
$t/℃$	20	20	25	25	30	30	35	35
T/K								
E/V								

2. 数据处理

(1) 将所得电动势 E 与热力学温度 T 作图,并通过作曲线切线分别求取不同温度下的 $\left(\frac{\partial E}{\partial T}\right)_p$。

(2) 利用公式(1)、(3)和(4),分别计算时 20℃、25℃、30℃和 35℃ 的 $\Delta_r G_m$、$\Delta_r H_m$ 和 $\Delta_r S_m$。

【思考题】

1. 本实验电池电动势与 KCl 溶液的浓度是否有关，为什么？
2. 电位差计的平衡指示始终要调节为零，如不为零，说明什么？
3. 如何用测得的电动势数据来计算电池反应的平衡常数？

实验 14 电解法测定阿伏伽德罗常数

【目的要求】

1. 学习电解法测定阿伏伽德罗常数的基本方法和原理。
2. 练习电解法的基本操作。

【实验原理】

阿伏伽德罗常数（N_A）是物理学和化学中的一个重要常量，与物质的量紧密相关，摩尔是物质的量的国际单位制基本单位，每摩尔物质含有的微粒数定为阿伏伽德罗常数，微粒可以是分子、原子或离子。

阿伏伽德罗常数的定义值是 $0.012 kg\ ^{12}C$ 所含的原子数，测定阿伏伽德罗常数的方法很多，本实验中用电解的方法进行测定。

用两块铜片作为电解池的阴极和阳极，用 $CuSO_4$ 溶液作电解液进行电解，在两个电极上发生如下反应。

阴极反应：$\qquad\qquad\qquad Cu^{2+} + 2e^- \longrightarrow Cu$

阳极反应：$\qquad\qquad\qquad Cu \longrightarrow Cu^{2+} + 2e^-$

阴极上 Cu^{2+} 得到电子，生成金属铜，沉积在铜片上，使阴极的铜片质量增加；阳极上，金属铜溶解生成 Cu^{2+}，进入溶液，所以阳极的铜片的质量减少。

铜片质量增加或减少的量与得失电子数有关，如果电解时，电流强度为 I（单位为安培，A），时间为 t（单位为秒，s），那么通过的总电量 Q（单位是库仑，C）是：

$$Q = It$$

每生成一个 Cu 原子，需要两个电子，生成 1mol 的 Cu，需要 2mol 电子，铜的摩尔质量为 $63.5 g \cdot mol^{-1}$，一个电子所带的电量是 $1.60 \times 10^{-19} C$，1mol 电子有 N_A 个电子，所以，生成 1mol 的铜（63.5g）需要 $2N_A \times 1.60 \times 10^{-19} C$ 这么多的电量，假设电解时通过的总电量为 Q，阴极的铜片质量增加 $m\ g$，则 $\dfrac{m}{63.5} = \dfrac{It}{2N_A \times 1.6 \times 10^{-19}}$，所以，

$$N_A = \dfrac{63.5 \times It}{m \times 2 \times 1.6 \times 10^{-19}}$$

电解反应中得失电子数相等，阴极上 Cu^{2+} 得到的电子数和阳极上 Cu 失去的电子数相等。所以，阳极铜片质量的减少量与阴极铜片质量的增加量应该相同，但是，由于铜片不纯等原因，从阳极失去的质量一般比阴极增加的质量偏高，因此，用阳极质量的差值计算，结果会有一定误差，一般从阴极增加的质量来计算，结果较为准确。

【仪器与试剂】

仪器：电解装置1套、分析天平。

试剂：铜片、$CuSO_4$ 溶液（每 L 溶液含 $CuSO_4 \cdot 5H_2O$ 125g 和浓硫酸 25cm³）。

【实验步骤】

1. 取两块长 5cm、宽 3cm 纯铜片，用砂纸擦去表面的氧化物后，用蒸馏水洗净，再用蘸有酒精的棉花擦净，晾干。待完全干后，在分析天平上称重，精确至 0.1mg，一片作阴极，另一片作阳极（最好在称重前标记好）。

2. 按图 1 装置示意图连好线路，在 100mL 烧杯中加入 $CuSO_4$ 溶液，取两块铜片作为两个电极，将铜片的 2/3 浸在 $CuSO_4$ 溶液中。两块铜片之间的距离约 1.5cm，直流电源的电压控制为 10V，移动滑线电阻使电流为 100mA。

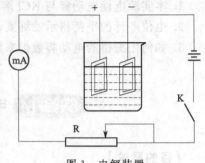

图 1 电解装置
mA—毫安表；K—开关；R—滑线电阻

3. 关闭开关 K，换上准确称量的两个铜片。然后，按下开关 K，同时准确记下时间。在电解过程中，电流如有变化，应随时调节电阻以维持电流强度恒定。通电 30min 后，停止电解，取下两块铜片，用水漂洗后，再用棉花蘸取酒精轻轻擦净铜片表面，晾干后在分析天平上称重。最后回收硫酸铜溶液。

【注意事项】

1. 铜片必须除尽氧化膜，清洗干净，晾干后称量。
2. 电解时间是 30min，记录应该准确到秒。
3. 电解后漂洗铜片时，不能用手触碰铜片的电解部位，要小心清洗。

【数据记录及处理】

电解时间：_____；电流强度：_____。

	电解前 m/g	电解后 m/g	$\Delta m/g$	N_A	N_A 的相对误差
阴极					
阳极					

【思考题】

1. 若所用铜片质量不纯，对实验结果有什么影响？
2. 在电解过程中是否要维持电流恒定？为什么？
3. 实验中可能引起的误差是哪些？

实验 15　电势-pH 曲线的测定

【目的要求】

1. 掌握测定 Fe^{3+}/Fe^{2+}-EDTA 溶液在不同 pH 条件下的电极电势，绘制电势-pH 曲线。
2. 掌握 E-pH 曲线的测量原理和 pH 计的使用方法。

【实验原理】

许多氧化还原反应的发生,不仅与溶液中离子的浓度有关,而且与溶液的 pH 值有关。对于这样的体系,考查电极电势与 pH 的变化关系是很有必要的。在一定浓度的溶液中,改变溶液的 pH 值,同时测定电极电势和溶液的 pH 值,然后以电极电势对 pH 作图,就可得到等温、等浓度的电势-pH 曲线。本实验测定 Fe^{3+}/Fe^{2+}-EDTA 系统的电势-pH 曲线。

Fe^{3+}/Fe^{2+}-EDTA 体系在不同的 pH 值范围内,其配合产物不同,以 Y^{4-} 代表 EDTA 酸根离子,在三个不同 pH 值的区间来讨论其电极电势的变化。

(1) 在一定 pH 范围内,Fe^{3+}/Fe^{2+} 与 EDTA 生成稳定的配合物 FeY^{2-} 和 FeY^{-},其电极反应为

$$FeY^{-} + e^{-} = FeY^{2-}$$

根据能斯特 (Nernst) 方程,其电极电势为

$$E = E^{\ominus} - \frac{RT}{F} \ln \frac{c(FeY^{2-})}{c(FeY^{-})} \tag{1}$$

式中,$E^{\ominus}$ 为标准电极电势;c 为浓度,当溶液温度一定时,在一定 pH 范围内,该电对的电极电势只与 $c(FeY^{2-})/c(FeY^{-})$ 的值有关,与溶液的 pH 无关。在 EDTA 过量时,生成的配合物的浓度可近似看作配制溶液时铁离子的浓度。当 $c(FeY^{2-})/c(FeY^{-})$ 的值一定时,则 E 为一定值。其电势-pH 曲线应表现为水平线,如图 1 中的 bc 段。

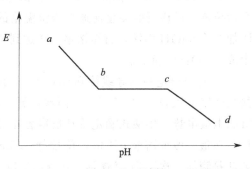

图 1 E-pH 图

(2) 低 pH 时,Fe^{3+} 与 EDTA 生成 $FeHY^{-}$ 型的含氢配位化合物,其电极反应为

$$FeY^{-} + H^{+} + e^{-} = FeHY^{-}$$

则可求得:

$$E = E^{\ominus} - \frac{RT}{F} \ln \frac{c(FeHY^{-})}{c(FeY^{-})} - \frac{2.303RT}{F} pH \tag{2}$$

在 $c(Fe^{2+})/c(Fe^{3+})$ 值一定时,E 与 pH 呈线性关系。如图 1 中的 ab 段。

(3) 高 pH 时,Fe^{3+} 与 EDTA 最终生成 $Fe(OH)Y^{2-}$ 型的羟基配位化合物,电极反应为

$$Fe(OH)Y^{2-} + e^{-} = FeY^{2-} + OH^{-}$$

则可求得:

$$E = E^{\ominus} - \frac{RT}{F} \ln \frac{c(FeY^{2-}) \cdot c(OH^{-})}{c[Fe(OH)Y^{2-}]}$$

根据水的活度积 K_W 和 pH 的定义,则上式可写成

$$E = E^{\ominus} - \frac{RT}{F} \ln \frac{c(FeY^{2-})}{c[Fe(OH)Y^{2-}]} - \frac{2.303RT}{F} pH - C \tag{3}$$

在 $c(FeY^{2-})/c[Fe(OH)Y^{2-}]$ 一定时,E 与 pH 呈线性关系。如图中的 cd 段。

由此可见,只要将体系 (Fe^{3+}/Fe^{2+}-EDTA) 用惰性金属 (Pt 丝) 做导线组成一电极,并且与另一参比电极 (饱和甘汞电极) 组成电池,测定其电动势,即可求得体系的电极电

势。同时采用酸度计测出相应条件下的 pH 值，从而可绘制出 E-pH 曲线。

【仪器与试剂】

仪器：电位差计（或数字电压表）1 台、数字式 pH 计 1 台、恒温水浴 1 台、电子天平（0.01g）1 台、夹套瓶（200mL）1 只、电磁搅拌器 1 台、饱和甘汞电极 1 支、复合电极 1 支、铂电极 1 支、酸式滴定管（10mL）1 支、滴管 2 支。

试剂：$FeCl_3 \cdot 6H_2O$（A.R.）、$FeCl_2 \cdot 4H_2O$（A.R.）、EDTA（A.R.）、HCl（A.R.）、NaOH（A.R.）、$N_2(g)$。

【实验步骤】

1. 开启恒温水浴，控制温度在 25℃。

2. 配制溶液。迅速精确称取 0.86g $FeCl_3 \cdot 6H_2O$，0.58g $FeCl_2 \cdot 4H_2O$，放入反应器中。称取 3.50g EDTA，用 40mL 蒸馏水经水浴加热搅拌溶解后，倒入反应器中，开动电磁搅拌器，将溶液搅匀。迅速通入氮气将空气排尽。

3. 将复合电极、饱和甘汞电极、铂电极分别插入反应容器盖子上三个孔，浸于液面下合适位置。反应器的夹套连通超级恒温槽的恒温水。在电磁搅拌器搅拌的同时，用滴管缓慢滴加 2% NaOH 溶液，直至溶液 pH 达到 8 左右，此时溶液的颜色为红褐色。注意避免局部生成 $Fe(OH)_3$ 沉淀。

4. 将复合电极的导线接到 pH 计上，测定溶液的 pH 值，然后将铂电极、饱和甘汞电极接在数字电压表的"+""-"两端，测定两极间的电动势，此电动势是相对于饱和甘汞电极的电极电势。用酸式滴定管从反应容器的通气孔（即氮气出气口）滴入几滴 $2mol \cdot dm^{-3}$ HCl 溶液，改变溶液 pH 值，待搅拌 0.5min 后，重新测定体系的 pH 值和电池的电动势。如此每滴加一次 HCl 溶液后（其滴加量以 pH 改变 0.3 左右为限），测定一组 pH 值和电动势，得到该溶液的一系列 pH 值和电动势，直至溶液出现混浊（pH 约为 2.3），停止实验。

【注意事项】

1. 由于 $FeCl_2 \cdot 4H_2O$ 易被氧化，可以改用摩尔盐（硫酸亚铁铵）1.16g。

2. 搅拌速度必须加以控制，防止由于搅拌不均匀造成加入 NaOH 时，溶液上部出现少量的 $Fe(OH)_3$ 沉淀。

【数据记录及处理】

1. 数据记录

室温：_____；大气压：_____。

序号	pH	$E_{测}$/V	$E_{甘汞}$/V	E/V

2. 数据处理

（1）将测得的相对于饱和甘汞电极的电极电势换算至相对于标准氢电极的电极电势。

（2）绘制 Fe^{3+}/Fe^{2+}-EDTA 体系的电势 E-pH 曲线，由曲线确定 FeY^- 和 FeY^{2-} 稳定

存在的 pH 范围。

【思考题】

1. 写出 Fe^{3+}/Fe^{2+}-EDTA 体系在低 pH 区、电势平台区和高 pH 区的基本电极反应及对应的 Nernst 方程。
2. 用酸度计和电位差计测电动势的原理，各有什么不同？
3. 复合电极、饱和甘汞电极和铂电极的作用分别是什么？

4.3 化学动力学基础实验

实验 16 蔗糖的转化（一级反应）

【目的与要求】

1. 了解蔗糖转化反应体系中各物质浓度与旋光度之间的关系。
2. 测定蔗糖转化反应的级数、反应速率常数和半衰期。
3. 了解旋光仪的基本原理，并掌握其正确的操作技术。

【实验原理】

蔗糖转化（水解）反应如下：

$$C_{12}H_{22}O_{11} + H_2O \xrightarrow{H^+} C_6H_{12}O_6 + C_6H_{12}O_6$$
$$\text{蔗糖} \qquad\qquad\qquad \text{葡萄糖} \quad \text{果糖}$$

蔗糖水解本身是一个二级反应，但在纯水中反应极慢，通常需在 H^+ 的催化作用下进行。由于反应时水是大量存在的，虽有部分水分子参加反应，但可近似认为整个反应过程的水的浓度不变，因为 H^+ 是催化剂，其浓度也保持不变，所以可把蔗糖的转化（水解）反应视为一级反应。一级反应的反应速率方程可表示为：

$$-\frac{dc_0}{dt} = kc \tag{1}$$

积分后：
$$\ln c = -kt + \ln c_0 \tag{2}$$

c_0 为反应物的初始浓度，当 $c = \frac{1}{2}c_0$ 时，时间 t 可用 $t_{1/2}$ 表示，即为半衰期：

$$t_{1/2} = \frac{\ln 2}{k} = \frac{0.693}{k} \tag{3}$$

由于蔗糖及其转化产物都含有不对称的碳原子，它们都具有旋光性，但它们的旋光能力不同，所以可用体系在反应过程中旋光度的变化来衡量反应的进程。

测量物质的旋光度所用的仪器是旋光仪，溶液的旋光度与溶液中所含旋光物质的种类、浓度、溶剂的性质、旋光管的长度、光源波长及反应温度等均有关系。当其它条件固定时，旋光度 α 与反应物浓度 c 呈线性关系。

即：
$$\alpha = K \cdot c \tag{4}$$

式中，K 为比例常数，它与物质的旋光能力、溶剂的性质、旋光管的长度、反应温度等有关。

物质的旋光能力用比旋光度来衡量。比旋光度就是当旋光物质溶液浓度 c 为 $1kg·L^{-1}$，液层厚度为 $0.1m$ 时溶液的旋光度。又因为光波的波长对旋光度有影响，故规定以 $20℃$ 的钠光（波长为 $2.896×10^{-9}m$，记为"D"）为标准，记作 $[\alpha]_D^{20}$。本实验中反应物蔗糖是右旋性物质，其比旋光度为 $66.6°$；生成物葡萄糖也是右旋性物质，其比旋光度为 $52.5°$；但生成物果糖是左旋性物质，其比旋光度为 $-91.9°$。由于果糖的左旋比葡萄糖的右旋大，所以生成物呈现左旋性（负值）。随着反应的进行，体系右旋角不断减小，反应到某一时刻，体系的旋光度变为 0，而后变为左旋，直到蔗糖完全转化，这时旋角达到最大值 α_∞。

$$\ln(\alpha_t - \alpha_\infty) = -kt + \ln(\alpha_0 - \alpha_\infty) \tag{5}$$

从上式可知，若以 $\ln(\alpha_t - \alpha_\infty)$ 对 t 作图可得一直线，从其斜率就可求得反应速率常数 k。

【仪器与试剂】

仪器：WXG-4 型旋光仪 1 套、锥形瓶（100mL）1 只、烧杯（500mL）1 只、移液管（25mL）1 支、吸水纸、镜头纸等。

试剂：蔗糖溶液（20g 蔗糖配成 100mL 水溶液）、盐酸溶液（$4mol·L^{-1}$）。

【实验步骤】

1. 校正旋光仪零点

了解和熟悉 WXG-4 型旋光仪的构造、原理和使用方法，预习旋光仪的使用，掌握仪器的读数方法。

（1）打开开关预热仪器，准备光源，等到钠光灯呈现亮黄色光则表示光源已准备好。

（2）洗净旋光管（选用 220mm 的一支），把管子的一端盖子拧紧。在管内加入蒸馏水，使之形成凸液面，然后盖上圆形小玻璃片，再旋上套盖，使玻璃片紧贴旋光管，切勿漏水，但也要防止用力过大，压碎玻璃片，尽量保证管内无气泡，若有小气泡，可将其赶至旋光管的膨胀部位而不影响光源通过。擦干旋光管及两端玻片，放入旋光仪内，关上外罩，调节目镜聚焦，使视野清晰，然后旋转检偏镜至观察到明显三分视野暗度相等为止，从旋光仪刻度盘上读下旋光角（使用游标读数方法读到小数第二位）。反复调整重复测量 5 次，取平均值，此值即为仪器零点，可用来校正系统误差。

2. 蔗糖比旋光度测定（此步骤可以不做）

取出旋光管，倒掉蒸馏水，装入 10% 蔗糖溶液，测定在室温下蔗糖溶液的旋光度，反复测 5 次，取平均值，记录数据，用仪器进行零点校正后用于求蔗糖的比旋光度。

3. 蔗糖转化过程的旋光度测定

用专用移液管吸取 25mL 蔗糖溶液于干燥的三角锥形瓶中，再吸取 25mL 盐酸，缓慢加入到蔗糖溶液中，使之均匀混合，注意盐酸溶液由移液管内流出一半时，开始计时，迅速用少量反应液荡洗旋光管两次，再把反应液加入，旋光管盖妥擦干后放入旋光仪内，当时间到 5min 时读第一个旋光度数值。以后每隔 5min 测一次数值，测定时一定注意三分视野的暗度要相等，再读取旋光度，连续读取 45min 左右旋光度的变化值。

4. α_∞ 的测定

一般是反应完毕后把旋光管内的溶液与在锥形瓶内剩余的反应混合液合并,放置48h后读取(用220mm的旋光管 $\alpha_\infty = -4.33$;用200mm的旋光管 $\alpha_\infty = -4.10$)。为了缩短时间,可将剩余的反应液放入60℃的恒温水浴中,加热30min后取出,放入恒温槽内几分钟,再装入旋光管测定 α_∞。

【注意事项】

1. 实验结束时,由于旋光管内酸度较大,一定要冲洗干净才能收回。
2. 拿取、冲洗旋光管时注意不要把管内的玻璃片弄掉。

【数据记录及处理】

室温:_____℃;大气压:_____mmHg;α_∞:_____。

t/min							
α_t							
$\alpha_t - \alpha_\infty$							
$\ln(\alpha_t - \alpha_\infty)$							

以 $\ln(\alpha_t - \alpha_\infty)$ 对 t 作图,由直线斜率求出反应速率常数 k,并计算反应的 $t_{1/2}$,从曲线形状检验蔗糖转化的反应级数。

【思考题】

1. 蔗糖的转化速度和哪些因素有关?
2. 蔗糖的水解速率常数 k 同哪些因素有关?
3. 试述可用哪些方法减少本实验误差。
4. 在实验中,用蒸馏水校正旋光仪的零点,在数据处理时蔗糖转化反应过程中所测的旋光度 α_t 是否需要进行零点校正?为什么?
5. 把蔗糖溶液与盐酸溶液混合时,应怎样进行?为什么?

实验 17 乙酸乙酯皂化反应速率常数的测定

【目的要求】

1. 了解二级反应的特点,学会用图解法求二级反应的速率常数。
2. 掌握用电导率仪测定乙酸乙酯皂化反应进程中的电导率,并计算该反应的活化能。
3. 掌握电导率仪和恒温水浴的使用。

【实验原理】

乙酸乙酯皂化反应是个二级反应,其反应方程式为:

$$CH_3COOC_2H_5 + NaOH \longrightarrow CH_3COONa + C_2H_5OH \quad \text{溶液总电导率}$$

$t=0$ 时	c_0	c_0	0	0	κ_0
$t=t$ 时	c_0-c	c_0-c	c	c	κ_t

| | $t=\infty$ 时 | 0 | 0 | c_0 | c_0 | κ_∞ |

当乙酸乙酯与氢氧化钠溶液的起始浓度相同时,如均为 c_0,则反应速率表示为:

$$\frac{dx}{dt}=k(c_0-c)^2 \tag{1}$$

式中,c_0 为反应物的起始浓度;c 为时间 t 时反应物消耗掉的浓度;k 为反应速率常数,$L \cdot mol^{-1} \cdot min^{-1}$。将上式积分得:

$$\frac{c}{c_0(c_0-c)}=kt \tag{2}$$

起始浓度 c_0 已知,因此只要由实验测得不同时间 t 时的 c 值,以 $c/(c_0-c)$ 对 t 作图,所得为一直线,则可证明该反应是二级反应,并可以从直线的斜率求出 k 值。

乙酸乙酯皂化反应中,参与导电的离子有 OH^-、Na^+ 和 CH_3COO^-。由于反应体系是稀溶液,可认为 CH_3COONa 和 $NaOH$ 是全部电离的,反应前后 Na^+ 的浓度不变,溶液的电导率变化仅仅是导电能力强的 OH^- 逐渐被导电能力弱的 CH_3COO^- 所取代,使溶液的电导率逐渐减小。其中乙酸乙酯和乙醇的电导率非常小,可以忽略不计。因此,可用电导率仪测量皂化反应进程中电导率随时间的变化,从而达到跟踪反应物浓度随时间变化的目的。

令 κ_0 为 $t=0$ 时 $NaOH$ 溶液的电导率,κ_t 为时间 t 时 $NaOH$ 和 CH_3COONa 的电导率,κ_∞ 为 $t=\infty$(反应完毕)时 CH_3COONa 的电导率。对于强电解质的稀溶液,电导率与浓度成正比,设 K 为比例常数,则

$$\kappa=Kc \tag{3}$$

式中,κ 为溶液的电导率;c 为溶液的浓度;K 为比例常数,不同物质的 K 值不同。

当 $t=0$ 时,$\kappa_0=K_{NaOH}c_0$

当 $t=t$ 时,$\kappa_t=K_{NaOH}(c_0-c)+K_{CH_3COONa}c$

当 $t=\infty$ 时,$\kappa_\infty=K_{CH_3COONa}c_0$

由此可得:

$$c_0=\frac{\kappa_0-\kappa_\infty}{K_{NaOH}-K_{CH_3COONa}} \tag{4}$$

$$c=\frac{\kappa_0-\kappa_t}{K_{NaOH}-K_{CH_3COONa}} \tag{5}$$

将式(4)、式(5)代入式(2)得:

$$k=\frac{1}{tc_0} \cdot \frac{\kappa_0-\kappa_t}{\kappa_t-\kappa_\infty} \tag{6}$$

$$\kappa_t=\frac{1}{kc_0} \cdot \frac{\kappa_0-\kappa_t}{t}+\kappa_\infty \tag{7}$$

通过实验测定不同时间溶液的电导率 κ_t 和起始溶液的电导率 κ_0,以 κ_t 对 $(\kappa_0-\kappa_t)/t$ 作图,得一直线,从直线的斜率也可求出反应速率常数 k 值。

如果知道不同温度下的反应速率常数 $k(T_2)$ 和 $k(T_1)$,根据阿伦尼乌斯公式,可计算出该反应的活化能 E_a。

$$\ln \frac{k(T_2)}{k(T_1)}=-\frac{E_a}{R}\left(\frac{1}{T_2}-\frac{1}{T_1}\right) \tag{8}$$

【仪器与试剂】

仪器：电导率仪（SLDS-ⅠA型）1台、DJS-1型铂黑电极1支、羊角型电导管1支、直形电导管一支、恒温水浴1套、秒表1只、移液管（10mL，3支；1mL，1支）、容量瓶（250mL，1只）。

试剂：NaOH($0.0200\text{mol}\cdot\text{L}^{-1}$)、乙酸乙酯（A.R.）、电导水。

【实验步骤】

1. 配制乙酸乙酯溶液。准确配制与 NaOH 浓度（约 $0.0200\text{mol}\cdot\text{L}^{-1}$）相等的乙酸乙酯溶液。其方法是：根据室温下乙酸乙酯的密度，计算出配制 250mL $0.0200\text{mol}\cdot\text{L}^{-1}$ 的乙酸乙酯水溶液所需的乙酸乙酯的体积 V，然后用 1mL 移液管吸取 V mL 乙酸乙酯注入 250mL 容量瓶中，用水稀释至刻度即可。

2. 调节恒温槽。根据实验室环境温度，调节恒温槽温度，如将恒温槽的温度调至 $(25.0\pm0.1)℃$。

3. 调节电导率仪。开启电导率仪的开关，预热 30min。

4. κ_0 的测定。在干燥的直行电导管中，用移液管加入 10mL $0.0200\text{mol}\cdot\text{L}^{-1}$ 的 NaOH 溶液和等体积的电导水，混合均匀后，将电导管置于恒温水浴中恒温 10min。用蒸馏水洗净电导电极，再用滤纸吸干水滴，插入该混合溶液中，测定该溶液的电导率，直至数据稳定不变时，该数值即为反应液初始电导率 κ_0。

5. κ_t 的测定。用移液管移取 10mL $0.0200\text{mol}\cdot\text{L}^{-1}$ 的乙酸乙酯溶液于干燥的羊角形电导管 a 管中，用另一只移液管移取 10mL $0.0200\text{mol}\cdot\text{L}^{-1}$ 的 NaOH 溶液于羊角形电导管 b 管中。将羊角形电导管置于恒温水浴中恒温 10min（注意：勿使 a 管和 b 管溶液混合）。10min 后，迅速混合 a 管和 b 管溶液，同时按下秒表，作为反应的开始时间，并来回倒几次使混合均匀，最后倒回 a 管中。将电极放入 a 管中，测定溶液的电导率 κ_t，在 3min、6min、9min、12min、15min、20min、25min、30min、35min、40min、45min、60min 各测电导率一次，记下 κ_t 和对应的时间 t。

图 1　羊角管

6. 另一温度下 κ_0 和 κ_t 的测定。调节恒温槽温度为 $(35.0\pm0.1)℃$。重复上述步骤 4、5，测定该温度下的 κ_0 和 κ_t。

实验结束后，关闭电导率仪电源，用蒸馏水淋洗电极，并置于电导水中保存待用。洗净电导管，并放入烘箱。

【注意事项】

1. NaOH 溶液需在实验开始前配制，防止空气中的 CO_2 气体进入而影响其浓度。实验所用的蒸馏水应事先煮沸，待冷却后使用。

2. 乙酸乙酯溶液需临时配制，配制时动作要迅速，以减小挥发损失。

3. 电导电极不用时应置于蒸馏水中浸泡养护，实验前需用滤纸轻轻吸干电极表面的水分，不可用滤纸擦拭电极上的铂黑。

【数据记录及处理】

1. 数据记录

室温：_____；实验室大气压：_____；$\kappa_0(T_1)=$_____；$\kappa_0(T_1)=$_____。

t/min	温度 T_1			t/min	温度 T_2		
	κ_t /(S·m^{-1})	$\kappa_0 - \kappa_t$ /(S·m^{-1})	$(\kappa_0 - \kappa_t)/t$ /(S·m^{-1}·min^{-1})		κ_t /(S·m^{-1})	$\kappa_0 - \kappa_t$ /(S·m^{-1})	$(\kappa_0 - \kappa_t)/t$ /(S·m^{-1}·min^{-1})
...	...	...	...	...	...	...	...

2. 数据处理

(1) 以两个温度下的 κ_t 对 $(\kappa_0 - \kappa_t)/t$ 作图,分别得一直线。由直线的斜率计算各温度下的速率常数 k。

(2) 由两温度下的速率常数,根据阿伦尼乌斯公式计算该反应的活化能。

【思考题】

1. 本实验中乙酸乙酯和 NaOH 溶液为什么都采用稀溶液?
2. 被测溶液的电导率是哪些离子提供的?反应过程中电导率如何变化?
3. 为什么本实验要在恒温条件下进行,且反应物在混合前要恒温?
4. 为什么要使两种反应物浓度相等?如果两种反应物起始浓度不相等,应怎样计算 k 值?

实验 18 丙酮碘化反应速率常数及活化能的测定

【目的要求】

1. 测定用酸作催化剂时丙酮碘化反应的速率常数及活化能。
2. 了解复杂反应的反应特征和机理,熟悉复杂反应表观速率常数的求算方法。
3. 进一步熟悉分光光度计的使用方法。

【实验原理】

按反应原理的复杂程度不同可将反应分为基元反应和复杂反应。基元反应是反应物粒子经碰撞直接生成产物的反应,而大多数的化学反应是由若干个基元反应组成的复杂反应,其反应速率和反应物浓度的关系不能直接由质量作用定律来表示,而必须通过实验测定速率方程后,推测反应机理。

丙酮碘化是一个复杂反应,反应方程式为

$$\underset{A}{CH_3-\overset{O}{\underset{\|}{C}}-CH_3} + I_2 \xrightleftharpoons{H^+} \underset{E}{CH_3-\overset{O}{\underset{\|}{C}}-CH_2I} + I^- + H^+$$

一般认为该反应按以下两步进行:

$$\underset{A}{CH_3-\overset{O}{\underset{\|}{C}}-CH_3} \xrightleftharpoons{H^+} \underset{B}{CH_3-\overset{OH}{\underset{\|}{C}}=CH_2} \tag{1}$$

$$\underset{B}{CH_3-\underset{OH}{\overset{|}{C}}=CH_2} + I_2 \longrightarrow \underset{E}{CH_3-\underset{O}{\overset{\|}{C}}-CH_2I} + I^- + H^+ \tag{2}$$

反应（1）是丙酮的烯醇化反应，产物为丙烯醇，这是一个很慢的可逆反应，反应（2）是烯醇的碘化反应，生成碘化丙酮，这是一个快速且趋于进行到底的反应。因此，丙酮碘化反应的总速率是由丙酮烯醇化反应的速率决定，丙酮烯醇化反应的速率取决于丙酮及氢离子的浓度，如果以碘化丙酮浓度的增加来表示丙酮碘化反应的速率，则此反应的动力学方程式可表示为：

$$\frac{dc_E}{dt} = -\frac{dc_A}{dt} = -\frac{dc_{I_2}}{dt} = kc_A^\alpha c_{H^+}^\beta c_{I_2}^\gamma \tag{3}$$

式中，c_E、c_A、c_{H^+} 分别为碘化丙酮、丙酮和氢离子的浓度；k 表示丙酮碘化反应总的速率常数；α、β、γ 分别表示丙酮、氢离子和碘的反应级数。

实验测定表明，在酸的浓度不是很高时，丙酮碘化反应的速率跟碘的浓度无关，从而可知丙酮碘化反应对碘的级数为零。则

$$-\frac{dc_{I_2}}{dt} = kc_A^\alpha c_{H^+}^\beta \tag{4}$$

要测定反应的分级数，可采用孤立法。如果要测定丙酮的分级数，一般需要进行两次实验。碘初始浓度和过量的酸浓度保持不变，改变丙酮的起始浓度，分别测定两次实验的速率常数 k_1' 和 k_2'，得到

$$k_1' = kc_{A_1}^\alpha c_{H_1^+}^\beta \tag{5}$$

$$k_2' = kc_{A_2}^\alpha c_{H_2^+}^\beta \tag{6}$$

$$\frac{k_1'}{k_2'} = \frac{kc_{A_1}^\alpha c_{H_1^+}^\beta}{kc_{A_2}^\alpha c_{H_2^+}^\beta} = \left(\frac{c_{A_1}}{c_{A_2}}\right)^\alpha \tag{7}$$

将测得 k_1'、k_2' 和丙酮的浓度代入式(7)，就可求出丙酮的反应级数 α。

同理，碘初始浓度和过量丙酮保持不变，分别测定两种过量酸浓度的速率常数 k_1' 和 k_2'，可得：

$$\frac{k_1'}{k_2'} = \frac{c_{H_1^+}^\beta}{c_{H_2^+}^\beta} = \left(\frac{c_{H_1^+}}{c_{H_2^+}}\right)^\beta \tag{8}$$

这样可求得酸的反应级数 β。

由于碘在可见光区有一个比较宽的吸收带，并且在这个吸收带中，盐酸和丙酮没有明显的吸收，所以可采用分光光度计来测定碘的浓度随时间的变化，从而求出反应速率常数。按照朗伯-比尔（Lambert-Beer）定律，某指定波长的光通过碘溶液后的光强为 I，通过蒸馏水后的光强为 I_0，则透光率可表示为：

$$T = I/I_0 \tag{9}$$

并且透光率与碘的浓度之间的关系可表示为：

$$\lg T = \lg \frac{I}{I_0} = -\varepsilon l c_{I_2} \tag{10}$$

式中，T 为透光率；l 为比色槽的光径长度；ε 是吸光系数。式(10) 对 t 求导，

$$\frac{\mathrm{dlg}T}{\mathrm{d}t}=-\varepsilon l\frac{\mathrm{d}c_{I_2}}{\mathrm{d}t} \tag{11}$$

由 $\lg T$ 对 t 作图可得一直线，直线的斜率为 $-\varepsilon l\frac{\mathrm{d}c_{I_2}}{\mathrm{d}t}$。式中 εl 可通过测定一已知浓度碘溶液的透光率，由式(10)求得。当已知丙酮和酸的浓度时，根据式(4)，可计算出反应的速率常数 k。

由两个或两个以上温度的速率常数，就可以根据阿伦尼乌斯关系式计算反应的活化能。

$$E_a = \frac{RT_1T_2}{T_2-T_1}\ln\frac{k_2}{k_1} \tag{12}$$

【仪器与试剂】

仪器：分光光度计1套、容量瓶（50mL，2只；100mL，8只）、超级恒温槽1台、带有恒温夹层的比色皿1个、移液管（10mL和5mL各3只）、停表1块。

试剂：$0.01\mathrm{mol\cdot L^{-1}}$ 碘溶液（含4% KI）、$1.00\mathrm{mol\cdot L^{-1}}$ HCl、$2\mathrm{mol\cdot L^{-1}}$ 丙酮。

【实验步骤】

1. 开启恒温水浴，将超级恒温槽的温度调至25.0℃。

2. 开启分光光度计电源，预热30min。将波长调到565nm，控制面板上工作状态调在透光率档。打开样品室盖，调节"0"调节器，使数字显示为"00.0"。将装满蒸馏水的比色皿放到比色皿架上，盖上样品室盖，将该比色皿推至光路上。调节透光率"100%"，使数字显示为"100.0"。

3. 测量 εl 值　用移液管移取5mL $0.01\mathrm{mol\cdot L^{-1}}$ 的碘溶液至50mL容量瓶中，用蒸馏水稀释至刻度。配制 $0.001\mathrm{mol\cdot L^{-1}}$ 的碘溶液。用少量的碘溶液润洗比色皿3次，然后将其装入比色皿中，用蒸馏水作空白液，调节仪器零点和100%透光率后，测定 $0.001\mathrm{mol\cdot L^{-1}}$ 的碘溶液的透光率 T。重复测定3次，取其平均值，代入 $\lg T = -\varepsilon l c_{I_2}$，求得 εl 值（表1）。

4. 测定丙酮碘化反应的速率常数

取四个洁净的100mL容量瓶，分别编号为1、2、3、4。用移液管分别注入 $0.01\mathrm{mol\cdot L^{-1}}$ 碘溶液10mL。另取一支移液管分别向4个容量瓶中加入 $1.00\mathrm{mol\cdot L^{-1}}$ HCl溶液5mL、5mL、10mL、5mL，盖好盖后放入恒温槽中恒温。另取一个50mL容量瓶，加入 $2\mathrm{mol\cdot L^{-1}}$ 丙酮溶液至刻度线，盖好盖后放入恒温槽中恒温。另取四个100mL容量瓶，装满蒸馏水，置于恒温槽中恒温。

恒温10min后，用移液管移取已恒温的5mL丙酮溶液，迅速加入1号容量瓶中，用恒温好的蒸馏水稀释至刻度，摇匀。用1号容量瓶中的反应液洗涤比色皿三次，然后将其装入比色皿，放入比色皿架，用蒸馏水作空白液，调节仪器零点和100%透光率后，测定溶液透光率 T。同时按动秒表，每隔2min测定一次，直至透光率接近0。

用移液管分别移取已恒温的丙酮溶液10mL、5mL，分别注入2～3号容量瓶中，按照上述实验步骤，分别测定加入丙酮浓度不同时溶液在不同时刻的透光率。

5. 测反应的活化能

将恒温槽的温度升高到35.0℃，用移液管分别移取已恒温的丙酮溶液5mL注入4号容量瓶中，按照上述操作，每隔1min记录一次透光率。

【注意事项】

1. 配制溶液浓度要精确。
2. 温度影响反应速率常数，实验时体系始终要恒温。
3. 混合反应溶液时操作必须迅速准确。

【数据记录及处理】

1. 数据记录

表 1 εl 值的测定

测量次数	1	2	3	平均值
透光率 T				

表 2 丙酮碘化反应速率常数的测定

t/min	碘液 V/mL	盐酸 V/mL	丙酮 V/mL	透光率 T			
1							
2							
3							
4							

2. 数据处理

(1) 将 $\lg T$ 对时间 t 作图，得一直线，从直线的斜率，可求出不同体系的反应速率常数 k。

(2) 根据表 2 中第 1、2 组实验数据，代入式(7)，求丙酮反应级数 α。根据第 2、3 组实验数据，代入式(8)，求氢离子的级数 β。

(3) 根据表 2 中第 1、4 组实验数据求得在不同温度时的反应速率常数，代入式(12)，求丙酮碘化反应的活化能。

【思考题】

1. 本实验中，将丙酮溶液加到盐酸和碘的混合液中，没有立即计时，而是当混合物稀释、摇匀倒入恒温比色皿测透光率时才开始计时，这样做是否影响实验结果？为什么？
2. 在丙酮碘化实验中，影响实验结果的主要因素是什么？

实验 19 BZ 振荡反应

【目的要求】

1. 了解 Belousov-Zhabotinsky 反应（简称 BZ 反应）的基本原理及研究化学振荡反应的方法。
2. 掌握通过测定电势-时间曲线求得振荡反应的表观活化能的实验方法。

【实验原理】

化学振荡是反应体系中某些组分的浓度发生周期性变化的现象,是一种非平衡非线性的现象,由别诺索夫(Belousov)和柴波廷斯基(Zhabotinsky)最先发现并研究。为了纪念这两位科学家,人们将可呈现化学振荡现象的含溴酸盐的反应系统统称为 BZ 振荡反应。BZ 系统是指在酸性介质中,有机物在有(或无)金属离子催化剂催化下,被溴酸盐氧化构成的系统。

1972 年,Fiela、Koros 和 Noyes 三位学者通过实验对振荡反应进行了深入研究,提出了 FKN 机理,解释了在硫酸介质中以金属铈离子作催化剂的条件下,丙二酸被溴酸盐氧化的过程:

当 [Br^-] 足够高时,发生下列过程:

$$Br^- + BrO_3^- + 2H^+ \xrightarrow{k_1} HBrO_2 + HOBr \tag{1}$$

$$Br^- + HBrO_2 + H^+ \xrightarrow{k_2} 2HOBr \tag{2}$$

其中反应(1)是速率控制步骤,当过程 A 达到准稳态时,

$$[HBrO_2] = \frac{k_1}{k_2}[BrO_3^-][H^+]$$

当 [Br^-] 较低时,发生下列过程 B,导致了铈离子的氧化:

$$HBrO_2 + BrO_3^- + H^+ \xrightarrow{k_3} 2BrO_2 + H_2O \tag{3}$$

$$BrO_2 + Ce^{3+} + H^+ \xrightarrow{k_4} HBrO_2 + Ce^{4+} \tag{4}$$

其中反应(3)是速率控制步骤。反应(3)和反应(4)的联合作用是振荡反应必需的自催化反应,$HBrO_2$ 是自催化剂。$HBrO_2$ 的浓度还受到下列歧化反应的影响:

$$2HBrO_2 \xrightarrow{k_5} BrO_3^- + H^+ + HBrO \tag{5}$$

过程 B 达到准稳态时,

$$[HBrO_2] \approx \frac{k_3}{2k_5}[BrO_3^-][H^+]$$

由反应(2)和反应(3)可以看出,BrO_3^- 和 Br^- 是竞争 HBrO 的。当 $k_2[Br^-] > k_3[BrO_3^-]$ 时,自催化反应不可能发生。自催化反应发生的 Br^- 的临界浓度为

$$[Br^-]_{临界} = \frac{k_3}{k_2}[BrO_3^-] \approx 5 \times 10^{-6}[BrO_3^-]$$

最后,Br^- 的再生可通过下列步骤得到:

$$4Ce^{4+} + BrCH(COOH)_2 + 2H_2O + HBrO \xrightarrow{k_6} 2Br^- + 4Ce^{3+} + 3CO_2 + 6H^+ \tag{6}$$

反应(6)中,消耗有机物溴代丙二酸、Ce^{4+} 使 Br^- 再生,同时 Ce^{4+} 还原为 Ce^{3+},反应得以重新启动,形成周期性的振荡。

该体系的总反应为:

$$2H^+ + 2BrO_3^- + 3CH_2(COOH)_2 \xrightarrow{Ce^{3+}} 2BrCH(COOH)_2 + CO_2 + 4H_2O$$

综上,B-Z 振荡反应体系中存在两个受 Br^- 浓度控制的过程 A 和 B,当 [Br^-] > [Br^-]$_{临界}$ 时发生 A 过程;当 [Br^-] < [Br^-]$_{临界}$ 时发生 B 过程。这样体系就在 A 过程和

B 过程间往复振荡。

化学振荡体系的振荡现象可以通过多种方法观察到，如观察溶液颜色的变化、测定吸光度随时间的变化、测定电导随时间的变化和测定电势随时间的变化等。本实验在不同温度下测定不同 Ce^{4+}/Ce^{3+} 的电势随时间变化的曲线，如图1，根据曲线得到诱导时间 t_u 和振荡周期 t_z。并依据阿伦尼乌斯方程得

$$\ln\frac{1}{t_u}=-\frac{E_u}{RT}+\ln A$$

$$\ln\frac{1}{t_z}=-\frac{E_z}{RT}+\ln A$$

式中，E 为表观活化能；R 是摩尔气体常数；T 是热力学温度；A 是经验常数。分别作 $\ln(1/t_u)$-$1/T$ 和 $\ln(1/t_z)$-$1/T$ 图，由直线斜率就可以计算出表观活化能 E_u 和 E_z。

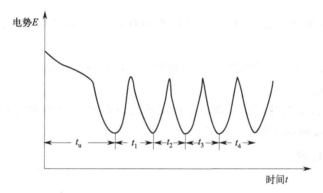

图1　BZ 反应振荡曲线

【仪器与试剂】

仪器：超级恒温槽1台、磁力搅拌器1台、记录仪1台、计算机采集系统1套、恒温反应器（100mL）1只、铂电极1支、饱和甘汞电极（带 $1mol\cdot L^{-1}$ 硫酸溶液盐桥）1支。

试剂：丙二酸(A.R.)、溴酸钾(G.R.)、硫酸铈铵(A.R.)、浓硫酸(A.R.)。

【实验步骤】

1. 配制 $0.45mol\cdot L^{-1}$ 丙二酸溶液100mL，$0.25mol\cdot L^{-1}$ 溴酸钾溶液100mL，$3.00mol\cdot L^{-1}$ 硫酸溶液100mL，$4\times10^{-3}mol\cdot L^{-1}$ 的硫酸铈铵溶液100mL。

2. 按图2连接好仪器，打开超级恒温槽，将温度调节到 (25.0 ± 0.1)℃。将电极线的正极接在铂电极上，负极接在甘汞电极上。打开BZ反应振荡软件，设置参数。

3. 在恒温反应器中加入已配好的丙二酸溶液、溴酸钾溶液、硫酸溶液各15mL，开启电磁搅拌器的电源，使溶液在设定温度下至少恒温10min。将硫酸铈铵溶液放入恒温槽中恒温。恒温结束后，点击数据处理菜单中的"开始绘图"，然后加入硫酸铈铵溶液15mL，观察溶液的颜色变化，同时记录相应的电势-时间曲线。待出现4～5个峰时，点击"结束绘图"，并保存数据文件。

4. 取出电极，洗净反应器和用过的电极，更换反应溶液，将恒温槽温度调至30℃、35℃、40℃、45℃、50℃，重复上述实验。

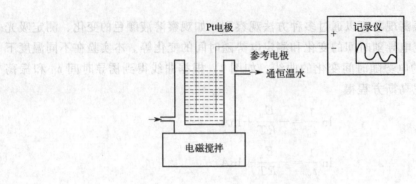

图 2 实验装置

【注意事项】

1. 饱和甘汞电极用 $1\text{mol} \cdot \text{L}^{-1}$ H_2SO_4 作液接,这是因为 Cl^- 会抑制振荡的发生和持续。

2. 配制 $0.004\text{mol} \cdot \text{L}^{-1}$ 的硫酸铈铵溶液时,一定要在 $0.20\text{mol} \cdot \text{L}^{-1}$ 硫酸介质中配制,防止发生水解呈混浊。

3. 实验中溴酸钾试剂纯度要求高,所使用的反应容器一定要冲洗干净,磁力搅拌器中转子位置及速度都必须选择合适。

【数据记录及处理】

1. 数据记录

将测定的各温度的振荡反应的诱导时间 t_u 和振荡周期 t_z 列表。

T/K					
$1/T$					
t_u/s					
$\ln(1/t_u)$					
t_z/s					
$\ln(1/t_z)$					

2. 数据处理

(1) 根据计算结果分别作 $\ln(1/t_u)$-$1/T$ 和 $\ln(1/t_z)$-$1/T$ 图。

(2) 由直线斜率分别求出表观活化能 E_u 和 E_z。

【思考题】

1. 本实验记录的电势代表什么含义?
2. 讨论影响诱导期和振荡周期的主要因素有哪些?
3. 为什么在实验过程中应尽量使搅拌子的位置和转速保持一致?

4.4 表面与胶体化学基础实验

实验 20 溶液表面张力的测定——最大气泡法

【目的要求】
1. 掌握一种测定溶液表面张力的方法（最大气泡法）。
2. 测定不同浓度的正丁醇溶液的表面张力。
3. 从表面张力-浓度曲线求界面上的溶液表面吸附量。

【实验原理】
在各种不同相的界面上都会发生吸附现象，溶液表面也可产生吸附作用，当某一液体中溶解其它物质时，其表面张力就发生变化。表面张力是液体的重要性质之一，它与温度、压力、浓度及共存的另一相的组成有关。

对于液体而言，溶液的表面张力与表面层的组成有着密切的关系。根据能量最低原理，当溶质能降低溶液的表面张力时，表面层中的溶质的浓度比溶液内部浓度高；反之，溶质使溶液的表面张力升高时，它在表面层中的浓度比在内部的浓度低。这种溶液表面浓度与内部浓度不同的现象叫做溶液的表面吸附。在指定的温度和压力下，溶质的吸附量与溶液的表面张力及溶液的浓度之间的定量关系，遵守吉布斯（Gibbs）吸附等温方程：

$$\Gamma = -\frac{c}{RT}\left(\frac{d\gamma}{dc}\right)_T \tag{1}$$

此方程式表明：溶液的表面吸附量 Γ 即单位表面上过剩溶质的摩尔数，取决于溶质的浓度 c 及溶液表面张力随浓度的变化率（$d\gamma/dc$），γ 是表面张力，T 为热力学温度，R 为摩尔气体常数，取 $8.314 J \cdot mol^{-1} \cdot K^{-1}$。

本实验通过测定绘制出正丁醇水溶液 $\gamma\text{-}c$ 曲线，从而求算不同浓度下的 Γ 值。

当毛细管的半径为 r，则气泡由毛细管口被压出时，气泡内外的压力差，即附加压力 $\Delta p_{最大}$ 为

$$\Delta p_{最大} = p_{大气} - p_{系统}$$

而
$$\Delta p_{最大} = 2\gamma/r$$

当用同一支毛细管，则两液体对比得：

$$\frac{\gamma}{\gamma'} = \frac{\Delta p}{\Delta p'} \tag{2}$$

若用已知表面张力为 γ' 的标准液（如纯水或苯）测定压力差，再测定待测液的压力差即可求得待测液的表面张力 γ 值。

【仪器与试剂】
仪器：最大气泡法表面张力测定仪 1 套、烧杯 1 只、容量瓶 2 只、移液管（25mL）2 支。

试剂：正丁醇（A.R.）、纯水。

【实验步骤】

1. 洗净表面张力测定仪和测定用的毛细管，按图 1 装好，在滴液漏斗中装满水。

2. 加适量的纯水于表面张力测定仪中，调节毛细管的高度使其端面刚好与液面相切并垂直于液面。

3. 打开滴液漏斗活塞进行缓慢抽气，使气泡从毛细管口逸出，调节气泡逸出速度为每分钟 20 个左右，读出压力计上的 Δp 值，重复三次取其平均值 Δp。

4. 用同样方法分别测量浓度为 $0.005 \text{mol} \cdot \text{L}^{-1}$、$0.01 \text{mol} \cdot \text{L}^{-1}$、$0.02 \text{mol} \cdot \text{L}^{-1}$、$0.05 \text{mol} \cdot \text{L}^{-1}$、$0.10 \text{mol} \cdot \text{L}^{-1}$、$0.20 \text{mol} \cdot \text{L}^{-1}$ 正丁醇溶液的 Δp。

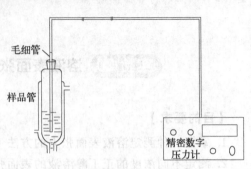

图 1　表面张力测定装置

【注意事项】

1. 准确配制实验所需溶液。

2. 按照正丁醇浓度由稀到浓的顺序测量。

【数据记录及处理】

1. 将实验中所测得的数据代入式 (2) 求出不同浓度正丁醇的表面张力 γ，并作 γ-c 的曲线。

2. 在 γ-c 的曲线上分别求出浓度为：$0.005 \text{mol} \cdot \text{L}^{-1}$、$0.01 \text{mol} \cdot \text{L}^{-1}$、$0.02 \text{mol} \cdot \text{L}^{-1}$、$0.05 \text{mol} \cdot \text{L}^{-1}$、$0.10 \text{mol} \cdot \text{L}^{-1}$、$0.20 \text{mol} \cdot \text{L}^{-1}$ 正丁醇的 $(\text{d}\gamma/\text{d}c)$ 值（最好用镜面法）。

3. 由上述各 $(\text{d}\gamma/\text{d}c)$ 值，用吉布斯公式计算出各对应的 c/Γ 值。

【思考题】

1. 测定正丁醇水溶液的表面张力时，为什么要测定水的压力差？

2. 测定正丁醇溶液的表面张力时，应该按由稀到浓进行测量，为什么？

3. 用毛细管测定表面张力时有哪些注意事项？

实验 21　溶液表面张力的测定——拉环法

【目的要求】

1. 加深理解表面张力的物理意义，了解表面吉布斯自由能及表面张力与吸附的关系。

2. 通过测定不同浓度乙醇水溶液的表面张力，计算吉布斯表面吸附量和乙醇分子的横截面积。

3. 掌握拉环法测定表面张力的原理和技术。学会使用表面张力测定仪。

【实验原理】

在温度、压力、组成恒定时，每增加单位表面积，体系的吉布斯自由能的增值称为表面吉布斯自由能（$\text{J} \cdot \text{m}^{-2}$），用 γ 表示。若把 γ 看作是垂直作用在单位长度相界面上的力，通常称为表面张力（$\text{N} \cdot \text{m}^{-1}$）。

在指定的温度和压力下,溶质的吸附量与溶液的表面张力及溶液的浓度之间的关系遵守吉布斯(Gibbs)吸附等温方程:

$$\Gamma = -\frac{c}{RT}\left(\frac{d\gamma}{dc}\right)_T \tag{1}$$

根据朗缪尔(Langmuir)方程:

$$\Gamma = \Gamma_\infty \frac{Kc}{1+Kc} \tag{2}$$

Γ_∞ 为饱和吸附量,即表面被吸附物铺满一层分子时的 Γ,K 为常数。

$$\frac{c}{\Gamma} = \frac{c}{\Gamma_\infty} + \frac{1}{K\Gamma_\infty} \tag{3}$$

以 c/Γ 对 c 作图,得一直线,该直线的斜率为 $1/\Gamma_\infty$。由所求得的 Γ_∞ 可求得被吸附分子的截面积 $S=1/(\Gamma_\infty N_A)$(N_A 为阿伏伽德罗常数)。

测量表面张力的方法很多,有滴重法、最大气泡法、拉环法等。拉环法可以测定纯液体及溶液的表面张力,也可以测定液体的界面张力。它是将拉环置于液面上,然后缓缓将拉环拉出液体,则因液体表面张力的作用而形成一个液体的圆柱,这时向上的总拉力 p 将与此液柱的质量相等,也与内外两边的表面张力之和相等,即

$$p = mg = 2\pi\gamma R' + 2\pi\gamma(R'+2r) = 4\pi\gamma(R'+r) = 4\pi\gamma R \tag{4}$$

式中,m 为液柱的质量;R' 为环的内半径;r 为环丝半径;R 为环的平均内径,即 $R=R'+r$;γ 为液体的表面张力。

但式(4)是理想的情况,与实际不相符合,因为被拉起的液体并非是圆柱形的,实验证明,环拉起的液体的形状是 R^3/V(V 是圆环带起来的液体体积)和 R/r 的函数,同时也是表面张力的函数。因此式(4)必须乘以一个校正因子 F 才能得到正确的结果。

$$pF = 4\pi R\gamma \tag{5}$$

$$\gamma = \frac{pF}{4\pi R} \tag{6}$$

由表面张力仪测定的表面张力值 $\gamma_{测}$ 须进行校正,实际被测液体的表面张力为 $\gamma = \gamma_{测} F$

$$F = 0.7250 + \sqrt{0.01452\gamma_{测}/[C^2(D-d)] + 0.04534 - 1.679/(R/r)} \tag{7}$$

式中,$\gamma_{测}$ 为表界面张力仪显示的读数值,$mN \cdot m^{-1}$;C 为铂丝环的周长,6.00 cm;R 为铂丝环的半径,0.955cm;D 为下相密度(25℃时),$g \cdot mL^{-1}$;d 为上相密度(25℃时),$g \cdot mL^{-1}$;r 为铂丝的半径,0.03cm。

在两相分别为液体和空气的情况下,D 为液体的密度,d 是空气的密度,上述公式简化为:

$$F = 0.7250 + \sqrt{0.01452\gamma_{测}/[36(D-d)] - 0.0074} \tag{8}$$

【仪器与试剂】

仪器:JYW-200型自动表界面张力仪1台、容量瓶(50mL)8个、移液管(5mL)1支、移液管(10mL)1支、吸量管(10mL)一支。

试剂:无水乙醇(A.R.)、去离子水。

【实验步骤】

1. 采用稀释法配制 0.02mol·L^{-1}、0.05mol·L^{-1}、0.10mol·L^{-1}、0.20mol·L^{-1}、

0.30mol·L^{-1}、0.40mol·L^{-1}、0.50mol·L^{-1}和0.80mol·L^{-1}的乙醇水溶液于50mL容量瓶中。

2. 将自动表界面张力仪放在平稳、不受振动的地方，调节基座下的旋钮，以仪器上水准泡为准，使仪器水平。

3. 打开张力仪电源开关，预热30min。

4. 清洗铂丝环和玻璃杯。先在石油醚中清洗铂丝环，接着用丙酮漂洗后烘干。铂丝环应十分平整，将它挂在杠杆臂的挂钩上。

5. 洗净的玻璃杯用少量待测液（从最稀的溶液开始测量）润洗三次，然后加溶液至玻璃杯，溶液高度为20~25mm，并将玻璃杯置于升降台的中间位置。

6. 关上张力仪门，按"上升"键，升降平台上升，使铂丝环浸入到溶液中，当铂丝环到液面下5~7mm处，按"停止"键使平台停止。再次按"调零"键，此时显示为0。按"下降"键，接着按"保值"键，升降平台开始下降并开始测量，显示值将逐渐增大，当液膜被拉破时数值不变，最终保持在最大值，该最大值就是溶液的实测表面张力值。测定完后，按"复位键"，仪器恢复初始状态，重复上述步骤，连续测量三次，取其平均值。

7. 重复步骤5和6，按浓度从低到高的顺序，依次测定溶液的表面张力。

8. 测完后，将铂丝环洗净放回盒中，玻璃杯洗净后放在升降平台上，关上张力仪门，关闭电源。

【注意事项】

1. 铂丝环易损坏变形，使用时要小心，切勿使其受力或碰撞，不能使其变形。
2. 为了保证测量的准确性，应该按照浓度由低到高依次测定溶液的表面张力。
3. 要注意升降平台下降或上升的程度，防止上升过高或过低，对仪器造成损伤。
4. 实验完毕，关闭仪器，仔细清洗铂丝环和玻璃杯。

【数据记录及处理】

1. 数据记录

室温：_____；$\rho_{乙醇}$：_____。

$c/(\text{mol}\cdot\text{L}^{-1})$	0.02	0.05	0.10	0.20	0.30	0.40	0.50	0.80
$\gamma_{测1}/(\text{mN}\cdot\text{m}^{-1})$								
$\gamma_{测2}/(\text{mN}\cdot\text{m}^{-1})$								
$\gamma_{测3}/(\text{mN}\cdot\text{m}^{-1})$								
平均值								

2. 数据处理

(1) 根据式(8)求出校正因子F，并求出各浓度乙醇水溶液的γ。

(2) 绘出γ-c图，并在曲线上选取8个点，分别作出切线，并求出相应的斜率值。

(3) 计算不同浓度溶液的吸附量，并作c/Γ-c图，由直线斜率求Γ_∞，并计算S值。

【思考题】

1. 使用拉环法测定表面张力时应注意些什么？
2. 本实验影响测量的主要因素是什么？对实验结果会造成怎样的影响？

实验 22 液体黏度的测定

【目的要求】

1. 进一步掌握玻璃缸恒温槽的使用方法和控温技术。
2. 掌握用奥氏黏度计测定液体黏度的原理和方法。
3. 测定无水乙醇的黏度。

【实验原理】

黏度，又称内摩擦或黏（滞）性，是流体内部阻碍其相对流动的一种特性。液体在管中流动时，相互平行的液层流动的速度不同，与管壁相接触的液层的流速为零，越远离管壁，液层流速越大，则在相邻两层的接触面上有与其平行且流动方向相反的阻力，称为内摩擦力，内摩擦力 f 与两液层的流速之差 $\mathrm{d}v$ 和两液层的接触面积 A 成正比，与两液层的距离 $\mathrm{d}x$ 成反比，即

$$f = \eta \frac{A \mathrm{d}v}{\mathrm{d}x} \tag{1}$$

比例系数 η 称为液体的黏度系数，简称黏度，其单位为 Pa·s。若液体在毛细管中流动，则可通过泊肃叶（Poisuille）公式计算黏度系数（简称黏度）：

$$\eta = \frac{\pi p r^4 t}{8VL} = \frac{\pi \rho g h r^4 t}{8VL} \tag{2}$$

式中，V 为在时间 t 内流过毛细管的液体体积；p 为毛细管两端的压力差，$p = hg\rho$（ρ 为液体的密度，g 为重力加速度，h 为流经毛细管液体的平均液柱高度）；r 为毛细管的内半径；L 为毛细管长度。

在实际测量中，难以精确测定流过毛细管的液体体积 V、管内液面的差值 h、毛细管的内半径 r、毛细管长度 L 等物理参数，因此按式(1)通过实验测定液体的绝对黏度是很困难的，但测定液体对标准液体（如蒸馏水）的相对黏度则相对简单，若已知标准液体的绝对黏度，就可以求出待测液体的黏度。

本实验采用奥氏黏度计测定液体黏度，如图 1 所示。一定温度下，若两种液体在本身重力作用下分别流经同一根毛细管（奥氏黏度计），且流出的液体体积相等。则：

$$\eta_1 = \frac{\pi p_1 r^4 t_1}{8VL} \qquad \eta_2 = \frac{\pi p_2 r^4 t_2}{8VL}$$

因为 $p = hg\rho$，如果量取体积相同的标准液体和待测液体，则液面高度差 h 一致，则

$$\frac{\eta_1}{\eta_2} = \frac{hg\rho_1 t_1}{hg\rho_2 t_2} = \frac{\rho_1 t_1}{\rho_2 t_2}$$

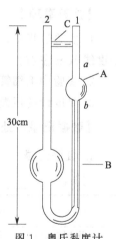

图 1　奥氏黏度计
A—球；B—毛细管；
C—加固用玻棒；
a，b—环形测定线；
1，2—支管

比值 η_1/η_2 称为液体 1 对液体 2 的相对黏度（比黏度），若液体 2 的绝对黏度 η_2（本实验中以纯水为液体 2，作为标准液体）已知，即可求出液体 1 的黏度。

$$\eta_1 = \eta_2 \frac{\rho_1 t_1}{\rho_2 t_2}$$

温度对液体黏度的影响很大，温度越高，分子的热运动越大，液体的流动性越好，黏度越小。测定某一温度下液体的黏度，必须注意控制恒温槽的温度恒定。

【仪器与试剂】

仪器：玻璃缸恒温槽1套、奥氏黏度计1支、秒表1只、10mL移液管2支、洗耳球1只、乳胶管（连小玻璃管，20cm）1根、电吹风机1只。

试剂：无水乙醇（A.R.）、蒸馏水。

【实验步骤】

1. 恒温槽水浴温度的设定和调节。根据实验室环境温度，设定实验温度（如25℃），使恒温槽温度为（25±0.1）℃。

2. 用移液管吸取10mL无水乙醇，从2号支管口注入洁净、干燥的奥氏黏度计，在1号支管上套上乳胶管，用黏度管夹夹好将黏度计垂直浸入恒温槽中，水浴应浸过黏度计1号支管 a 刻度线1cm左右，恒温约10min。

3. 用捏扁的洗耳球对准乳胶管一端，缓慢松开洗耳球将无水乙醇吸到 a 刻度线1cm以上（不超过水浴高度，同时避免产生气泡），然后让其自行流下，用秒表记录液面由 a 降到 b 所需的时间。重复操作三次，直至每次相差不超过0.2s。取其平均值。

4. 取出黏度计，将其中的乙醇倾入回收瓶中，用电吹风机将黏度计吹干（管口无乙醇的气味）。用移液管移取10mL蒸馏水，用上述方法测定蒸馏水的流出时间。

5. 第一个温度点测量好以后，调节恒温槽至第二个温度点（如30℃），用同样的方法再次测定无水乙醇和蒸馏水流经毛细管所需要的时间。

【注意事项】

1. 实验过程中，黏度计要垂直浸入恒温水浴中，不得震动；黏度计浸入水中要超过 a 刻度线1cm左右。

2. 实验中毛细管中不能有气泡。

3. 黏度计的恒温时间要充足，一般不低于10min。

【数据记录与处理】

1. 数据记录

室温：_____；大气压：_____。

	25℃		30℃	
	乙醇	水	乙醇	水
流出时间/s				
平均值/s				

2. 数据处理

（1）由下列数据计算无水乙醇在不同温度时对水的相对黏度。

液体	水			乙醇				
温度/℃	20	25	35	15	20	25	30	35
密度	0.9982	0.9971	0.9941	0.794	0.789	0.785	0.781	0.777
黏度(η)	0.01005	0.008937	0.007275					

（2）由纯水的黏度来计算不同温度下乙醇的黏度。

【思考题】

1. 为什么测定液体黏度时要保证温度恒定？
2. 为什么用奥氏黏度计时，加入的标准液体和被测液体的体积应该相同？测量时黏度计为什么必须垂直？
3. 使用奥氏黏度计时，影响液体黏度测定的主要因素有哪些？

实验 23 黏度法测定高聚物的平均摩尔质量

【目的要求】

1. 掌握黏度法测定高聚物平均摩尔质量的原理和方法。
2. 测定聚乙二醇的平均摩尔质量。

【实验原理】

高聚物是由单体分子经加聚或缩聚过程得到的。在高聚物中，由于聚合度的不同，每个高聚物分子的大小并非都相同，致使高聚物的分子量大小不一，且没有一个确定的值。因此，高聚物的摩尔质量是一个统计平均值。

1. 高聚物的几种黏度表示

高聚物溶液的黏度是液体流动时内摩擦力大小的反映。高聚物溶液的黏度特别大，原因在于其分子链长度远大于溶剂分子，加上溶剂化作用，使其在流动时受到较大的内摩擦力。高聚物溶液的黏度 η 是高聚物分子间的内摩擦力、高聚物分子与溶剂分子间的内摩擦力及溶剂分子间内摩擦力 η_0 三者之和。在相同温度下，通常高聚物溶液的黏度 η 大于纯溶剂的黏度 η_0，即：$\eta > \eta_0$。

（1）相对黏度 η_r 在相同温度下，溶液黏度与纯溶剂黏度的比值称为相对黏度 η_r

$$\eta_r = \frac{\eta}{\eta_0} \tag{1}$$

（2）增比黏度 η_{sp} 相对于溶剂，溶液黏度增加值与纯溶剂黏度的比值称为增比黏度 η_{sp}

$$\eta_{sp} = \frac{\eta - \eta_0}{\eta_0} = \eta_r - 1 \tag{2}$$

η_r 反映的是溶液的黏度行为，而 η_{sp} 则已扣除了溶剂分子间的内摩擦效应，仅反映高聚物分子与溶剂分子间和高聚物分子间的内摩擦效应。高聚物溶液的增比黏度 η_{sp} 往往随质量浓度 c 的增加而增加。

（3）比浓黏度 单位浓度下所显示的增比黏度 η_{sp}/c 称比浓黏度，而 $\ln\eta_r/c$ 称为比浓对数黏度。

（4）特性黏度 [η] 当溶液无限稀释时，高聚物分子彼此相隔很远，其相互作用可忽略，这时溶液所呈现的黏度基本上反映了高聚物分子与溶剂分子间的内摩擦，其值取决于溶剂的性质及高聚物分子的大小和形态。

$$[\eta] = \lim_{c \to 0} \frac{\eta_{sp}}{c} = \lim_{c \to 0} \frac{\ln\eta_r}{c} \tag{3}$$

[η] 称为特性黏度，因为 η_r 和 η_{sp} 都是无量纲的量，高聚物浓度 c 是质量浓度，单位是 $g \cdot L^{-1}$，

所以 $[\eta]$ 的值与浓度无关，单位是浓度 c 单位的倒数。

2. 乌式黏度计测定溶液黏度的原理和方法

测定高聚物摩尔质量的方法很多，例如渗透压、沸点升高法、凝固点降低法和黏度法等。黏度法设备简单、操作方便、实验精度好，是常用的方法之一。

本实验采用毛细管法测定黏度，实验装置如图1，通过测定一定体积的液体流经一定长度和半径的毛细管所需时间而获得。当液体在重力作用下流经毛细管时，其遵守泊肃叶（Poiseuille）定律：

$$\eta = \frac{\pi p r^4 t}{8VL} = \frac{\pi h g \rho r^4 t}{8VL} \tag{4}$$

式中，V 为在时间 t 内流过毛细管的液体体积，m^3；p 为毛细管两端的压力差，$p = hg\rho$（ρ 为液体的密度，g 为重力加速度，h 为流经毛细管液体的平均液柱高度）；r 为毛细管的内半径，m；L 为毛细管长度，m。

同一黏度计在相同条件下测定两个液体黏度时，它们的黏度之比等于密度与流出时间之比：

$$\frac{\eta_1}{\eta_2} = \frac{p_1 t_1}{p_2 t_2} = \frac{\rho_1 t_1}{\rho_2 t_2} \tag{5}$$

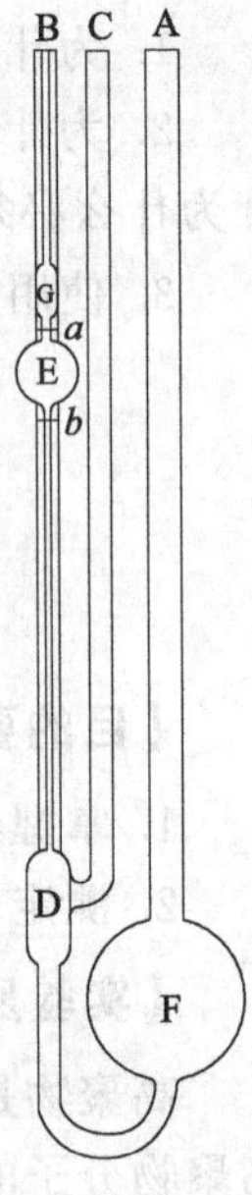

图 1 乌式黏度计

若液体的 η_2 已知，即可求出液体的黏度 η_1。如果溶液的浓度不大（$c < 1 \times 10 kg \cdot m^{-3}$），溶液的密度与溶剂的密度可近似看作相同，故

$$\eta_r = \frac{\eta}{\eta_0} = \frac{t}{t_0} \tag{6}$$

所以只需测定溶液和溶剂在毛细管中的流出时间 t 和 t_0 就可得到相对黏度 η_r。

3. 黏度与高聚物平均摩尔质量的关系

在足够稀的高聚物溶液中，黏度与溶液质量浓度的关系有如下经验关系式：

$$\frac{\eta_{sp}}{c} = [\eta] + k[\eta]^2 c \tag{7}$$

$$\frac{\ln \eta_r}{c} = [\eta] - \beta [\eta]^2 c \tag{8}$$

式(7)为休金斯（Huggims）经验公式，式(8)为克罗米尔（Kraemer）公式。从式(7)和式(8)可看出比浓黏度 η_{sp}/c 和比浓对数黏度 $\ln\eta_r/c$ 与浓度 c 呈线性关系，因此测定不同浓度的高聚物稀溶液的 η_r、η_{sp}，以 η_{sp}/c 对 c 和 $\ln\eta_r/c$ 对 c 作图可得两条直线，如图2所示。将浓度 c 外推至 $c=0$ 处时，即纵轴上应交于一点，此点的截距即是特性黏度 $[\eta]$。

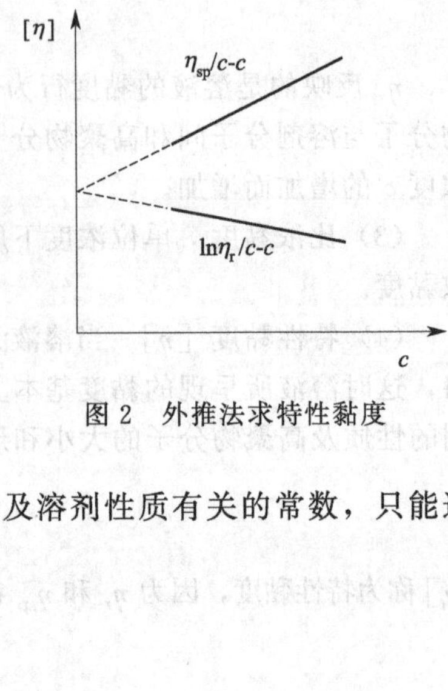

高聚物溶液的特性黏度与高聚物摩尔质量之间的关系，通常用 Mark-Houwink 经验方程来表示：

$$[\eta] = K \cdot \overline{M}_\eta^\alpha$$

图 2 外推法求特性黏度

式中，$\overline{M}_\eta$ 是黏均摩尔质量；K、α 是与温度、高聚物及溶剂性质有关的常数，只能通过一些绝对实验方法（如渗透压、光散射法等）确定。

【仪器与试剂】

仪器：恒温槽 1 套、乌氏黏度计 1 支、具塞锥形瓶（50mL）2 只、移液管（5mL）1 只、移液管（10mL）2 支、容量瓶（100mL）1 只、停表 1 只。

试剂：聚乙二醇（A.R.）。

【实验步骤】

1. 清洗仪器

在实验前将所用黏度计、容量瓶、移液管、漏斗等仔细洗净。黏度计可先用热洗液洗，后用自来水、蒸馏水冲洗。

2. 配制聚乙二醇溶液

称取 4g 聚乙二醇于 100mL 烧杯中，注入 50mL 蒸馏水，稍加热使溶解。待冷却至室温时，转移至 100mL 容量瓶中定容。

3. 测定溶剂流出时间

将恒温水槽调到 25℃±0.1℃。将黏度计垂直置于恒温槽内，用移液管移取 10mL 蒸馏水自 A 管注入黏度计中，恒温数分钟，夹紧 C 管上连接的乳胶管，在 B 管上接洗耳球慢慢抽气，待液体升至 G 球的一半左右停止抽气，打开 C 管上的夹子使毛细管内液体同 D 球分开，用停表测定液面在 a、b 两线间移动所需要的时间。重复测定三次，每次相差不超过 0.2~0.3s，取平均值。

4. 测定溶液流出时间

取出黏度计，倒出溶剂，吹干。用移液管取 10mL 已恒温的高聚物溶液，同上法测定流经时间。再用移液管加入 5mL 已恒温的溶剂，用洗耳球从 C 管鼓气搅拌并将溶液混合均匀，再如上法测定流经时间。同法依次加入 5mL、10mL、10mL 溶剂，逐一测定溶液的流经时间。

实验结束后，将溶液倒入回收瓶内，用溶剂仔细冲洗黏度计 3 次，最后用溶剂浸泡，备用。

【注意事项】

1. 黏度计必须洁净。如毛细管挂有水珠，需用洗液浸泡（洗液经 2# 砂芯漏斗过滤除去杂质）。

2. 高聚物在溶剂中溶解缓慢，配液时必须保证其完全溶解。本实验溶液的稀释在黏度计中进行，因此每次加入溶剂稀释时必须混合均匀再测定。

3. 测定时黏度计要垂直放置，否则影响结果的准确性。

【数据记录及处理】

1. 数据记录

原始溶液浓度 c_0：_____ g·cm^{-3}；恒温温度：_____ ℃。

项目	t_1/s	t_2/s	t_3/s	t/s	η_r	$\ln\eta_r$	η_{sp}	η_{sp}/c	$\ln\eta_r/c$
溶剂									
溶液 c_1/(g·cm^{-3})									
溶液 c_2/(g·cm^{-3})									
溶液 c_3/(g·cm^{-3})									
溶液 c_4/(g·cm^{-3})									
溶液 c_5/(g·cm^{-3})									

2. 数据处理

(1) 计算各溶液的相对黏度 η_r 和增比黏度 η_{sp}，然后计算 η_{sp}/c 和 $\ln\eta_r/c$，填入上表。

(2) 以 η_{sp}/c 对 c 和 $\ln\eta_r/c$ 对 c 作图，并外推至 $c=0$ 处时，由截距求出特性黏度 $[\eta]$。

(3) 计算聚乙二醇的黏均摩尔质量 $\overline{M}_\eta$。

聚乙二醇的水溶液在 25℃时，$\alpha=0.50$，$K=1.56\times10^{-4}\,\mathrm{m^3\cdot kg^{-1}}$；在 30℃时，$\alpha=0.78$，$K=1.25\times10^{-3}\,\mathrm{m^3\cdot kg^{-1}}$。

【思考题】

1. 乌氏黏度计中的 C 管的作用是什么？能否去除 C 管改为双管黏度计使用？
2. 高聚物溶液的 η_{sp}、η_r、η_{sp}/c、$[\eta]$ 的物理意义是什么？
3. 黏度法测定高聚物的摩尔质量有何局限性？该法适用的高聚物摩尔质量范围是多少？

实验 24 胶体的制备及电泳速率的测定

【目的要求】

1. 掌握 $Fe(OH)_3$ 溶胶的制备及纯化方法。
2. 掌握宏观电泳法测定 $Fe(OH)_3$ 溶胶胶粒移动速度和 ζ 电位的原理和方法。

【实验原理】

胶体是分散相粒子直径在 1～1000nm 的高度分散体系。由于胶体本身的电离或胶粒对某些离子的选择性吸附，胶粒的表面带有一定的电荷，在外电场的作用下，溶胶粒子在分散介质定向移动的现象，称为电泳。在胶粒周围的介质中必定分布着反离子，这种粒子所带电荷与胶粒表面的电性相反，但电荷数相等。当胶体静止时，整个溶液呈电中性，但在外电场作用下，溶胶的胶粒和分散介质反向相对运动，就会形成电势差，此电势差称为电动电势或 ζ 电势。ζ 电势越大，胶体体系越稳定，因此 ζ 电势是表征胶体特性的重要物理量之一。ζ 电势的大小与胶粒的大小、胶粒浓度、介质的性质和温度等相关。

溶胶的制备方法通常有分散法和凝聚法。分散法是利用机械设备把粗分散的物料分散成高度分散的胶体；与分散法相反，凝聚法是由分子（或原子、离子）的分散状态凝聚为胶体状态的一种方法。本实验中 $Fe(OH)_3$ 溶胶的制备采用的化学凝聚法即通过化学反应生成不溶性物质，这种不溶性物质从过饱和状态析出，然后再结合成溶胶。

$Fe(OH)_3$ 溶胶是将 $FeCl_3$ 稀溶液滴入沸腾的水中水解，即可生成棕红色、透明的 $Fe(OH)_3$ 溶胶。

$$FeCl_3 + H_2O \longrightarrow Fe(OH)_3 + 3HCl$$

过量的 $FeCl_3$ 同时起稳定剂的作用，$Fe(OH)_3$ 的微小晶体选择性吸附 Fe^{3+}，可形成带正电荷的胶体粒子，其结构式可表示为：

$$\{[Fe(OH)_3]_m \cdot nFe^{3+} \cdot (3n-x)Cl^-\}^{x+} \cdot xCl^-$$

制成的胶体体系中常有很多的电解质或其它杂质存在，而影响其稳定性，因此必须纯化。常用的纯化方法是半透膜渗析法，利用半透膜具有能透过离子或某些分子，而不能透过胶粒的特性，将溶胶中过量的电解质和杂质分离出来。适当提高温度可以加快纯化速度。

原则上，任何一种胶体的电动现象（如电渗、电泳、流动电势和沉降电势）都可以用来测定电动电势，其中最方便的是用电泳现象来测定。电泳法又分为宏观法和微观法，宏观法是将溶胶置于电场中，观察溶胶与另一种不含胶粒的导电液体（辅助液）的界面在电场中移动速度来测定电动电势。微观法是直接观测单个胶粒在电场中的移动速度。对高分散的溶胶，如 As_2S_3 溶胶或 $Fe(OH)_3$ 溶胶，或过浓的溶胶，不宜观察个别粒子的运动，只能用宏观法。对于颜色太浅或浓度过稀的溶胶，适宜用微观法。

本实验采用宏观电泳法来测定 ζ 电势，即观测胶体溶液与另一不含胶粒的无色导电溶液的界面在电场中的移动速度。在电泳仪两极间接上电位差 $U(V)$ 后，在 $t(s)$ 时间内溶胶与辅助液界面移动的距离为 $d(m)$，即溶胶电泳速度 $v(m \cdot s^{-1})$ 为：

$$v = d/t \tag{1}$$

相距为 $L(m)$ 的两极间的电位梯度平均值 $H(V \cdot m^{-1})$ 为：

$$H = U/L \tag{2}$$

如果辅助液的电导率 $\overline{\kappa}_0$ 与溶胶的电导率 $\overline{\kappa}$ 相差较大，则在整个电泳管内的电位降是不均匀的，这时需用式(3)求 H：

$$H = \frac{U}{\dfrac{\kappa}{\kappa_0}(L-L_K)+L_K} \tag{3}$$

式中，L_K 为溶胶两界面间的距离。

从实验求得胶粒电泳速度后，可按式(4)求 ζ 电位：

$$\zeta = \frac{K\pi\eta}{\varepsilon H} \cdot v \tag{4}$$

式中，K 为与胶粒形状有关的常数（对于球形粒子，$K=5.4\times10^{10} V^2 \cdot s^2 \cdot kg^{-1} \cdot m^{-1}$；对于棒形粒子，$K=3.6\times10^{10} V^2 \cdot s^2 \cdot kg^{-1} \cdot m^{-1}$，本实验胶粒为棒形）；$\eta$ 为介质的黏度，$kg \cdot m^{-1} \cdot s^{-1}$；$\varepsilon$ 为介质的介电常数。

【仪器与试剂】

仪器：直流稳压电源1台、万用电炉1台、电泳管1只、电导率仪1台、秒表1块、铂电极2支、锥形瓶（250mL）1只、烧杯（500mL）1只、烧杯（250mL）1只、烧杯（100mL）1只、超级恒温槽1台、容量瓶（100mL）1只。

试剂：火棉胶、$FeCl_3$（10%）溶液、KCNS（1%）溶液、$AgNO_3$（1%）溶液、稀盐酸溶液。

【实验步骤】

1. $Fe(OH)_3$ 溶胶的制备及纯化

（1）$Fe(OH)_3$ 溶胶的制备

在250mL烧杯中，加入100mL蒸馏水，加热至沸，慢慢滴入5mL 10% $FeCl_3$ 溶液，在4～5min内滴完，并不断搅拌，滴完后继续保持沸腾3～5min，即可得到红棕色的 $Fe(OH)_3$ 溶胶。

（2）半透膜的制备

在一个内壁洁净、干燥的250mL锥形瓶中，加入约50mL火棉胶液，小心转动锥形瓶，使火棉胶液粘附在锥形瓶内壁（包括瓶颈部分）形成均匀薄膜，将瓶在铁圈上倒立，倾出多余的火棉胶。15min后，瓶中的乙醚蒸发至闻不出气味，此时用手轻触火棉胶膜，已不粘手,即在瓶口剥开一部分膜,并由此注入蒸馏水,使膜脱离瓶壁,轻轻取出,在膜袋中注入水,观察是否有漏洞。若有小洞,可先擦干瓶口部分,用玻璃棒蘸少许火棉胶轻轻接触洞口补好。制好的半透膜不用时,要浸放在蒸馏水中。

(3) $Fe(OH)_3$ 溶胶的纯化

将制得的 $Fe(OH)_3$ 溶胶注入半透膜内,用棉线拴住袋口,置于 500mL 的清洁烧杯中,杯中加约 300mL 蒸馏水并置于温度为 60～70℃ 的恒温水浴中,以加快渗析速度。每 10min 换一次蒸馏水,5 次后取出 1mL 渗析水,分别用 1% $AgNO_3$ 及 1% KCNS 溶液检查是否存在 Cl^- 及 Fe^{3+},如果仍存在,应继续换水渗析,直到检查不出为止。将纯化过的 $Fe(OH)_3$ 溶胶移入一清洁干燥的 100mL 烧杯中待用。

2. KCl 辅助液的制备

调节恒温槽温度为 (25.0±0.1)℃,用电导率仪测定 $Fe(OH)_3$ 溶胶在 25℃ 时的电导率,然后配制与之相同电导率的 KCl 溶液。

3. 仪器的安装

用铬酸洗液浸泡电泳管 (图 1) 后,再用自来水冲洗多次,然后用蒸馏水荡洗。打开旋塞,用少量 $Fe(OH)_3$ 溶胶润洗 2～3 次后,将渗析好的 $Fe(OH)_3$ 溶胶倒入电泳管中,使液面超过两电极管带刻度部分。

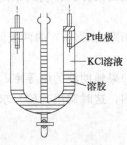

图 1 电泳仪器装置图

用长滴管缓慢地在两液面上方加入辅助液至支管口,使溶胶和辅液间形成清晰的界面。将电泳仪固定在木架上,插入铂电极,铂电极应至少插入 KCl 溶液 1.5cm 深,连接好线路。

4. 溶胶电泳的测定

接通直流稳压电源,迅速调节输出电压为 150V。开始计时,同时记下两边玻璃管中红棕色溶胶的液面位置,以后每隔 10min 记录一次,共计 4 次,测量完后关闭电源,记下准确的通电时间 t 和溶胶面上升的距离 d,从伏特计上读取电压 U,并且用细线量取两电极之间的距离 l。

实验结束后,拆除线路。用自来水洗电泳管多次,最后用蒸馏水洗一次。

【注意事项】

1. 在 $Fe(OH)_3$ 溶胶实验中制备半透膜时,一定要使整个锥形瓶的内壁上均匀地附着一层火棉胶液,在取出半透膜时,一定要借助水的浮力将膜托出。
2. 制备 $Fe(OH)_3$ 溶胶时,$FeCl_3$ 一定要逐滴加入,并不断搅拌。
3. 纯化 $Fe(OH)_3$ 溶胶时,换水后要渗析一段时间再检查 Fe^{3+} 及 Cl^- 的存在。
4. 量取两电极间的距离时,要沿电泳管的中心线量取。

【数据记录及处理】

1. 数据记录

室温:_____; 大气压:_____; η:_____;
ε:_____; L:_____; $\kappa_{胶}$:_____; $\kappa_{辅}$:_____。

时间 t/s	电压 U/V	界面移动的距离 d/m	电泳速度 $v/(m \cdot s^{-1})$	平均值 $\bar{v}/(m \cdot s^{-1})$

2. 数据处理

将数据代入式(4)中计算胶粒的 ζ 电势,并根据胶体界面移动的方向说明胶粒所带电荷的符号。

【思考题】

1. 溶胶胶粒带电的原因是什么?$Fe(OH)_3$ 溶胶带何种电荷?
2. 溶胶粒子电泳速度的快慢与哪些因素有关?
3. 本实验中所用的 KCl 溶液的电导率为什么必须和所测溶胶的电导率相等或尽量接近?
4. 如果电泳管事先没有洗干净,在管壁上残留微量的电解质时,对电泳测量的结果有什么影响?

4.5 结构化学基础实验

实验 25 偶极矩的测定

【目的要求】

1. 了解偶极矩与分子电性质的关系。
2. 掌握溶液法测定偶极矩的原理和方法。
3. 熟悉小电容仪、折射仪和比重瓶的使用。

【实验原理】

1. 偶极矩与极化度

由于空间构型的不同,呈电中性的分子的正、负电荷中心可能重合,也可能不重合,前者为非极性分子,后者为极性分子。分子极性大小用偶极矩 μ 来度量,其定义为:

$$\mu = qd \tag{1}$$

式中,q 为正、负电荷中心所带的电荷量;d 是正、负电荷中心间的距离。

偶极矩为矢量,其方向规定为从正到负,偶极矩的数量级为 $10^{-30} \text{C} \cdot \text{m}$。

具有永久偶极矩的极性分子,在没有外电场存在时,由于分子热运动的影响,偶极矩在空间各个方向的取向概率相等,偶极矩的统计平均值为零。若将极性分子置于均匀的外电场中,在电场的作用下,偶极矩会趋向电场方向排列,称为分子极化,极化的程度可用摩尔极化度 p 来衡量。因转向而极化的程度用 $p_{转向}$ 表示。$p_{转向}$ 与永久偶极矩 μ 的平方成正比,与热力学温度成反比:

$$p_{转向} = \frac{4}{9}\pi N_A \frac{\mu^2}{kT} \tag{2}$$

式中,N_A 为阿伏伽德罗常数;k 为玻尔兹曼常数;T 为热力学温度。

在外电场的作用下,不论非极性分子或极性分子,都会发生电子云对分子骨架的相对移动和分子骨架的变形,称为诱导极化或变形极化,用摩尔变形极化度 $p_{变形}$ 来表示,而 $p_{变形}$ 等于电子极化度 $p_{电子}$ 和原子极化度 $p_{原子}$ 之和,则总摩尔极化度为:

$$p = p_{转向} + p_{变形} = p_{转向} + (p_{电子} + p_{原子}) \tag{3}$$

对于非极性分子，因 $\mu=0$，所以 $p_{转向}=0$，所以 $p=p_{电子}+p_{原子}$。

如果外电场是交变场，极性分子的极化情况与交变场的频率有关。在低频电场（电场频率小于 $10^{10}\,\mathrm{s}^{-1}$）或静电场中，极性分子产生的摩尔极化度是转向极化度和变形极化度之和，即 $p=p_{转向}+p_{电子}+p_{原子}$；在中频电场（电场频率为 $10^{10}\sim10^{14}\,\mathrm{s}^{-1}$，红外光区）下，因电场交变周期小于偶极矩的松弛时间，极性分子的转向运动跟不上电场变化，即极性分子无法沿电场方向定向，即 $p_{转向}=0$，此时 $p=p_{变形}=p_{电子}+p_{原子}$。在高频电场（电场频率大于 $10^{15}\,\mathrm{s}^{-1}$，可见光和紫外光区）下，极性分子的转向运动和分子骨架变形都跟不上电场的变化，故 $p_{转向}=0$，$P_{原子}=0$，此时 $p=p_{电子}$。因此，分别在低频和中频电场中测量待测极性分子的摩尔极化度，再将这两个测量值相减，即得摩尔转向极化度 $p_{转向}$，将其带入式（2）就可以算出分子偶极矩 μ。由于 $p_{原子}$ 在 $p_{变形}$ 中所占的比例为 $5\%\sim15\%$，同时受实验条件的限制，一般用高频电场代替中频电场，近似地把高频电场下测得的摩尔极化度当作摩尔变形极化度，即 $p=p_{变形}=p_{电子}$。

2. 极化度和偶极矩的测定

克劳修斯、莫索蒂和德拜（Clausius-Mosotti-Debye）从电磁理论推得摩尔极化度 p 与相对介电常数 ε_r 之间的关系为

$$p=\frac{\varepsilon_r-1}{\varepsilon_r+2}\cdot\frac{M}{\rho} \tag{4}$$

式中，M 为摩尔质量，ρ 为密度。但式（4）是假定分子与分子间无相互作用而推导出的，所以它只适用于温度不太低的气相体系。测定气相介电常数和密度在实验上困难较大，所以提出了溶液法。溶液法就是将待测物溶于非极性溶剂中，测定不同浓度溶质的摩尔极化度，并外推到无限稀释的方法。在无限稀释的非极性溶剂中，溶质分子所处的状态与气相时相近，于是溶质的摩尔极化度 p_2^∞ 就可以看作式（4）中的摩尔极化度 p。

$$p=p_2^\infty=\lim_{x_2\to 0}p_2=\frac{3\varepsilon_{r_1}\alpha}{(\varepsilon_{r_1}+2)^2}\cdot\frac{M_1}{\rho_1}+\frac{\varepsilon_{r_1}-1}{\varepsilon_{r_1}+2}\cdot\frac{M_2-\beta M_1}{\rho_1} \tag{5}$$

式中，ε_{r_1}、ρ_1、M_1 分别是溶剂的相对介电常数、密度和摩尔质量，其中密度的单位是 $\mathrm{g\cdot cm^{-3}}$；M_2 为溶质的摩尔质量；α 和 β 为常数，可通过稀溶液的近似公式求得：

$$\varepsilon_{r_溶}=\varepsilon_{r_1}(1+\alpha x_2) \tag{6}$$

$$\rho_溶=\rho_1(1+\beta x_2) \tag{7}$$

式中，$\varepsilon_{r_溶}$、$\rho_溶$ 和 x_2 分别是溶液的相对介电常数、密度和溶质的摩尔分数。测定溶剂的介电常数 ε_{r_1} 和 ρ_1，再配制一系列摩尔分数 x_2 的溶液，测定溶液的相对介电常数 $\varepsilon_{r_溶}$ 和密度 $\rho_溶$，就可以根据式（6）和式（7）计算出 α、β，再代入式（5），就可计算出溶质的总摩尔极化度 p。

根据光的电磁理论，在同一频率的高频电场作用下，透明物质的相对介电常数 ε_r 与折射率 n 的关系为

$$\varepsilon_r=n^2 \tag{8}$$

常用摩尔折射度 R_2 来表示高频区测得的极化度，即

$$R_2=p_{电子}=p=\frac{n^2-1}{n^2+2}\cdot\frac{M}{\rho} \tag{9}$$

同样测定不同浓度溶液的摩尔折射度 R_2，外推至无限稀释，就可以求出溶质的电子极化度。

$$p_{电子}=R_2^\infty=\lim_{x_2\to 0}R_2=\frac{n_1^2-1}{n_1^2+2}\cdot\frac{M_2-\beta M_1}{\rho_1}+\frac{6n_1^2 M_1\gamma}{(n_1^2+2)^2\rho_1} \tag{10}$$

式中，n_1 为溶剂的摩尔折射率；α、β 与式(6)、(7)中相同；γ 为常数，可由稀溶液的近似公式求得：

$$n_{溶}=n_1(1+\gamma x_2) \tag{11}$$

式中，$n_{溶}$ 是溶液的摩尔折射率；x_2 为溶质的摩尔分数。

因此，测定一系列摩尔分数 x_2 的溶液的折射率（$n_{溶}$ 和 n_1），可根据式(11)计算出 γ 值，再代入到式(10)就可求出电子极化度 $p_{电子}$。综上，

$$p_{转向}=P_2^\infty-R_2^\infty=\frac{4}{9}\pi N_A\frac{\mu^2}{kT} \tag{12}$$

$$\mu=0.0426\times 10^{-30}\sqrt{(P_2^\infty-R_2^\infty)T}\ (C\cdot m) \tag{13}$$

式中，P_2^∞ 和 R_2^∞ 分别表示无限稀释时极性分子的摩尔极化度和摩尔折射度；T 是热力学温度。

3. 相对介电常数的测定

相对介电常数 ε_r 可通过测量电容，再计算得到

$$\varepsilon_r=C/C_0 \tag{14}$$

式中，C_0 为电容器两极板间在真空时的电容；C 为两极板间充满电介质时的电容，实验中通常以空气为介质时的电容 $C_{空}$ 替代 C_0，因为空气相对于真空的介电常数为1.0006，与真空作介质的电容非常接近，故式(14)改写成

$$\varepsilon_r=C/C_{空} \tag{15}$$

本实验选用的仪器为小电容测定仪。由于整个测试系统存在分布电容 C_d，小电容测定仪所测的电容 C_X 是样品电容 $C_{样}$ 和分布电容 C_d 之和。即

$$C_X=C_{样}+C_d \tag{16}$$

对于同一台仪器和同一电容池，在相同的实验条件下，C_d 值是一个定值，可以通过测定已知相对介电常数的标准物质来求得。方法是：先测定无样品时空气的电空 $C'_{空}$，则有

$$C'_{空}=C_{空}+C_d \tag{17}$$

再测定一已知介电常数（$\varepsilon_{标}$）的标准物质的电容 $C'_{标}$，则有

$$C'_{标}=C_{标}+C_d=\varepsilon_{标}C_{空}+C_d \tag{18}$$

由式(17)和式(18)可得：

$$C_d=\frac{\varepsilon_{标}C'_{空}-C'_{标}}{\varepsilon_{标}-1} \tag{19}$$

【仪器与试剂】

仪器：小电容测定仪1台、阿贝折射仪1台、超级恒温槽1台、电吹风1只、25mL容量瓶5只、10mL比重瓶1只、5mL移液管1支、滴管1只。

试剂：环己烷（A.R.）、乙酸乙酯（A.R.）。

【实验步骤】

1. 配制溶液

以环己烷作溶剂，用称量法配制摩尔质量分数 x_2 为 0.05、0.10、0.15、0.20、0.30 的乙酸乙酯溶液各 25mL。首先计算乙酸乙酯和环己烷的体积，移液后准确称量，再计算出溶液的准确浓度。操作时注意防止溶液的挥发而导致的浓度变化，防止吸收极性较大的水汽。

2. 折射率的测定

在（25±0.1）℃条件下，用阿贝折射仪分别测定环己烷和五份溶液的折射率。

3. 密度的测定

在 25℃条件下，用比重瓶分别测定环己烷和五份溶液的密度。取一洁净干燥的比重瓶，先称空瓶质量 m_0，再分别称水和 5 份溶液的质量 m_{H_2O} 和 $m_溶$，则被测溶液的密度为：

$$\rho_溶 = \frac{m_溶 - m_0}{m_{H_2O} - m_0} \rho_{H_2O} \tag{20}$$

4. 介电常数的测定

（1）C_d 的测定 以环己烷为标准物质，其介电常数与温度的关系式为：

$$\varepsilon_标 = 2.023 - 0.0016(t - 20)$$

式中，t 为测定时的温度，由此算出实验温度时环己烷的介电常数 $\varepsilon_标$。

在量程选择键全部弹起的状态下，打开电容仪电源开关，预热 10min，用调节旋钮调零，然后按下 20pF 键，待读数稳定后记录数值，即为空气电容值，重复测定两次，取平均值为 $C'_空$。

用移液管移取 1mL 环己烷注入电容池样品室，然后用滴管逐滴加入样品，注意样品不可多加，样品过多会腐蚀密封材料，盖上电容池盖恒温 10min，待数显稳定后，测得的值为环己烷的电容值，重复测定两次，取平均值为 $C'_标$。用注射器抽去样品室内的样品，再用电吹风吹干电容池，再测 $C'_空$ 值，与前面所测的 $C'_空$ 值相差应小于 0.02pF，否则表明样品室有残液，应继续吹干。将 $C'_空$、$C'_标$ 值代入式(19)，可算出 C_d。

（2）溶液电容的测定 按上述方法分别测定各溶液的 $C'_溶$。每次测定 $C'_溶$ 后均需复测 $C'_空$，以检验样品室是否还有残留样品。待测溶液的电容值为 $C_溶 = C'_溶 - C_d$。则待测溶液的相对介电常数为：

$$\varepsilon_r = \frac{C_溶}{C_0} \approx \frac{C_溶}{C_空} = \frac{C'_溶 - C_d}{C'_空 - C_d} \tag{21}$$

【注意事项】

1. 乙酸乙酯易挥发，配制溶液时动作要迅速。测定溶液电容时，操作应迅速，池盖要盖紧，防止样品挥发和吸收空气中极性较大的水汽。
2. 每次测定前要用冷风将电容池吹干，并重测 $C'_空$，与原来的 $C'_空$ 值相差应小于 0.02pF。
3. 注意样品不可多加，样品过多会腐蚀密封材料渗入恒温腔，实验无法正常进行。
4. 电容池各部分的连接应注意绝缘。

【数据记录及处理】

1. 数据记录

项目		环己烷	1	2	3	4	5
$m_{乙酸乙酯}/g$							
$m_{环己烷}/g$							
$m_{溶液}/g$							
$\rho_{溶}/(g \cdot cm^{-1})$							
摩尔分数 x_2							
折射率	n_1						
	n_2						
	平均						
$C'_{空}$	1						
	2						
	平均						
$C'_{标}$	1						
	2						
	平均						
$C'_{溶}$	1						
	2						
	平均						

2. 数据处理

(1) 计算各溶液的摩尔分数 x_2，以各溶液的折射率 n 对 x_2 作图，求得 γ 值。

(2) 计算环己烷和各待测溶液的密度 ρ，作 $\rho_{溶}$-x_2 图，求得 β 值。

(3) 计算 C_d 和各溶液的 $C_{溶}$，再计算相对介电常数 ε_r，作 $\varepsilon_{r_{溶}}$-x_2 图，求得 α 值。

(4) 根据式(5)和式(10)分别计 P_2^{∞} 和 R_2^{∞}，最后求算乙酸乙酯的偶极矩 μ。

【思考题】

1. 本实验测定偶极矩时做了哪些近似处理？
2. 准确测定溶质的摩尔极化度和摩尔折射度时，为何要外推到无限稀释？
3. 试分析实验中误差的主要来源，如何改进？

实验 26 磁化率的测定

【目的要求】

1. 掌握古埃法测定磁化率的原理和方法。
2. 测定三种配合物的磁化率，推断中心离子未成对电子数，判断其配键类型。
3. 熟悉特斯拉计和磁天平的使用。

【实验原理】

1. 物质的磁性和磁化率

物质在磁场中被磁化，在外磁场强度 H 的作用下，产生附加磁感应强度 B'，物质内部的磁感应强度 B 为

$$B = B_0 + B' = \mu_0 H + B' \tag{1}$$

式中，μ_0 为真空磁导率，其数值等于 $4\pi \times 10^{-7} \mathrm{N \cdot A^{-2}}$。

物质的磁化可用磁化强度 I 来描述，I 也是矢量，它与磁场强度成正比

$$I = \chi H \tag{2}$$

式中，χ 为物质的体积磁化率，表明单位体积物质的磁化能力，是无量纲的物理量。

$$B' = \mu_0 I = \mu_0 \chi H \tag{3}$$

则 $\qquad B = \mu_0 H + B' = \mu_0 H + \mu_0 \chi H = (1+\chi)\mu_0 H = \mu\mu_0 H$

式中，μ 为物质的（相对）磁导率。

物质的磁性质常用质量磁化率 χ_m 或摩尔磁化率 χ_M 来表示。

$$\chi_\mathrm{m} = \chi / \rho \tag{4}$$

$$\chi_\mathrm{M} = M \cdot \chi_\mathrm{m} = M \cdot \chi / \rho \tag{5}$$

式中，ρ、M 分别是物质的密度和摩尔质量。χ_m 和 χ_M 的单位分别是 $\mathrm{m^3 \cdot kg^{-1}}$ 和 $\mathrm{m^3 \cdot mol^{-1}}$。

物质在外磁场作用下的磁化有三种情况：

（1）$\chi_\mathrm{M} < 0$，这类物质称为逆磁性物质；

（2）$\chi_\mathrm{M} > 0$，这类物质称为顺磁性物质；

（3）χ_M 随磁场强度的增加而剧烈增加，当外磁场消失后，这些物质的磁场并不消失，往往伴有剩磁现象，这类物质称为铁磁性物质。

物质的磁性与组成物质的原子、离子或分子的微观结构有关。原子、离子或分子中电子自旋已配对的物质一般是逆磁性物质。在逆磁性物质中，由于电子自旋已配对，故无永久磁矩。但由于内部电子的轨道运动，在外磁场作用下会产生拉莫尔进动，感应出一个与外磁场方向相反的诱导磁矩，其磁化强度与外磁场强度成正比，并随着外磁场的消失而消失。

在顺磁性物质中，存在自旋未配对电子，这些未配对的电子的自旋产生了永久磁矩 μ_m。它与未成对电子数 n 的关系为

$$\mu_\mathrm{m} = \mu_\mathrm{B} \sqrt{n(n+2)} \tag{6}$$

式中，μ_B 为玻尔磁子，其物理意义是单个自由电子自旋所产生的磁矩。

$$\mu_\mathrm{B} = \frac{eh}{4\pi m_e} = 9.274 \times 10^{-24} \mathrm{J \cdot T^{-1}} \tag{7}$$

式中，e、m_e 为电子的电荷和电子的静止质量；h 为普朗克常数；T 为磁感应强度的单位特斯拉。

在无外磁场时，由于原子、分子的热运动，永久磁矩指向各个方向的机会相等，所以磁

矩的统计值为零，宏观上并不呈现磁性。在外磁场中，这些磁矩像小磁铁一样，总是顺着磁场方向定向排列，使物质内部的磁场增加，因而具有摩尔顺磁化率χ_μ，其磁化方向与外磁场相同，磁化强度与磁场强度成正比。但物质内部的电子轨道运动也会产生拉莫尔进动，其磁化方向与外磁场相反，因而具有摩尔反磁化率χ_0。

顺磁性物质的摩尔磁化率χ_M是摩尔顺磁化率与摩尔反磁化率之和，即

$$\chi_M = \chi_\mu + \chi_0 \tag{8}$$

通常$\chi_\mu \gg |\chi_0|$，所以顺磁性物质$\chi_M > 0$，可近似处理，$\chi_M \approx \chi_\mu$。

摩尔顺磁化率χ_μ与分子永久磁矩μ_m的关系服从居里定律

$$\chi_M = \chi_\mu + \chi_0 \approx \chi_\mu = \frac{N_A \mu_m^2 \mu_0}{3kT} \tag{9}$$

式中，N_A为阿伏伽德罗常数，$N_A = 6.022 \times 10^{23} \text{mol}^{-1}$；$k$为玻尔兹曼（Boltzmann）常数，$k = 1.380662 \times 10^{-23} \text{J} \cdot \text{K}^{-1}$；$T$为热力学温度，K。

式(9)将物质的宏观性质χ_M与微观性质μ_m联系起来。通过实验可以测定物质的χ_M，代入式(9)可求得μ_m，再根据式(6)求得不成对电子数n，这对于研究配位化合物中心离子的电子结构，判断配合物分子的配键类型是很有意义的。

2. 古埃法测定磁化率

古埃磁天平如图1所示。将装有样品的玻璃管悬挂在天平的一端，样品管底部处于永磁铁两极中心，即磁场强度最大的区域，样品管顶端则处于磁场强度最弱（甚至为零）的区域。整个样品管处于不均匀磁场中。设样品管的截面积为A，沿样品管长度方向上dz长度的体积Adz在非均匀磁场中受到的作用力dF为

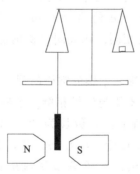

图1 古埃磁天平示意图

$$dF = (\chi - \chi_0) \mu_0 A H \frac{dH}{dz} dz \tag{10}$$

式中，H为磁场中心磁场强度；χ为样品的体积磁化率；χ_0为样品周围介质的体积磁化率（通常是空气，χ_0值很小）；dH/dz为磁场强度梯度。

在非均匀磁场中，顺磁性物质的作用力指向磁场强度最大的方向，反磁性物质则指向磁场强度弱的方向。设Δm为施加磁场前后的质量差，如果不考虑χ_0和H_0的影响，则整个样品受到的力为

$$F = \int_H^{H_0=0} (\chi - \chi_0) \mu_0 A H \frac{dH}{dz} dz = \frac{1}{2} \chi \mu_0 H^2 A = g\Delta m = g(\Delta m_{\text{样品+空管}} - \Delta m_{\text{空管}}) \tag{11}$$

由于 $\chi_M = \dfrac{\chi_M}{\rho}$，$\rho = \dfrac{m}{hA}$ 代入上式得

$$\chi_M = \frac{2(\Delta m_{空管+样品} - \Delta m_{空管})ghM}{\mu_0 m H^2} \tag{12}$$

式中，$\Delta m_{空管+样品}$ 为样品管加样品后在施加磁场前后的质量差，g；$\Delta m_{空管}$ 为空样品管在施加磁场前后的质量差，g；g 为重力加速度，980.665 cm·s^{-2}；h 为样品高度，cm（用直尺量出）；M 为样品的摩尔质量，kg·mol^{-1}；m 为样品的质量，g。

磁场强度 H 可用特斯拉计测量，或用已知磁化率的标准物质进行间接测量。例如用莫尔盐 $[(NH_4)_2SO_4 \cdot FeSO_4 \cdot 6H_2O]$ 来标定磁场强度，它的质量磁化率 χ_m 与热力学温度 T 的关系为

$$\chi_m = \frac{9500}{T+1} \times 4\pi \times 10^{-9} \,(m^3 \cdot kg^{-1}) \tag{13}$$

【仪器与试剂】

仪器：古埃磁天平 1 台、特斯拉计 1 台、样品管 4 支、样品管架 1 个、直尺 1 把。

试剂：$(NH_4)_2SO_4 \cdot FeSO_4 \cdot 6H_2O$（A. R.）、$K_4Fe(CN)_6 \cdot 3H_2O$（A. R.）、$FeSO_4 \cdot 7H_2O$（A. R.）、$K_3Fe(CN)_6$（A. R.）。

【实验步骤】

1. 磁极中心磁场强度 H 的测定

（1）用特斯拉计测量　将特斯拉计探头放在磁铁的中心架上，套上保护套，调节特斯拉计数字显示为"0.000"。除下保护套，把探头平面垂直于磁场两极中心。接通电源，调节"调流旋钮"使电流增大至特斯拉计上示值约为 300mT，记录此时电流值 I。以后每次测量都要控制在同一电流，使磁场强度相同。在关闭电源前应先调节调流旋钮使特斯拉计示值为零。

（2）用莫尔盐标定　取一支洁净、干燥的空样品管，垂直悬挂在磁天平上，样品管底部应与磁极中心线平齐，注意样品管不要与磁极相触。准确称取空管的质量 $m_{1空管}$（H_0，即 $H=0$ 时），缓慢调节调流旋钮至特斯拉计数显为 300mT（H_1），迅速称量，得到 $m_{1空管}$（H_1）；再缓慢调节调流旋钮至特斯拉计数显为 350mT，随即退回到特斯拉计数显为 300mT（H_1），称量得到 $m_{2空管}$（H_1）；最后缓慢调节调流旋钮至特斯拉计数显为"0.000"T（$H=0$），称量得到 $m_{2空管}$（H_0）。这样调节磁场强度由小到大，再由大到小的测量方法是为了抵消实验时磁场剩磁现象的影响。

取下样品管，将事先研细的莫尔盐通过漏斗装入样品管，边装边在橡皮垫上碰击，使样品均匀填实，直至装满（约 15cm 高），继续碰击至样品高度不变为止，用直尺测量样品高度 h。按前述方法将装有莫尔盐的样品管置于此磁天平上称量，得到 $m_{1空管+样品}$（H_0）、$m_{1空管+样品}$（H_1）、$m_{2空管+样品}$（H_1）、$m_{2空管+样品}$（H_0）。测量完毕将莫尔盐倒入回收瓶中，然后洗净、烘干备用。

2. 测定样品的摩尔磁化率 χ_M

在相同的实验条件下同法分别测定 $FeSO_4 \cdot 7H_2O$、$K_3Fe(CN)_6$ 和 $K_4Fe(CN)_6 \cdot 3H_2O$ 的 $m_{1空管+样品}$（H_0）、$m_{1空管+样品}$（H_1）、$m_{2空管+样品}$（H_1）、$m_{2空管+样品}$（H_0）。

【注意事项】

1. 所测样品应事先研细并保存在干燥器中。

2. 样品管一定要洁净、干燥。装样时尽量把样品紧密均匀地填实。

3. 称量时,样品管应正好处于两磁极之间,其底部与磁极中心线齐平。挂样品管的悬线及样品管不要与任何物体接触。

【数据记录及处理】

1. 数据记录

室温:_____;大气压:_____。

样品	样品高度 h/cm	称量 m/g			
		$H=0$	$H=300\text{mT}$	$H=300\text{mT}$	$H=0$
真空管					
莫尔盐					
$FeSO_4 \cdot 7H_2O$					
$K_3Fe(CN)_6$					
$K_4Fe(CN)_6 \cdot 3H_2O$					

2. 数据处理

(1) 根据式(13)计算莫尔盐的质量磁化率χ_m,根据式(5)计算摩尔磁化率χ_M,再根据式(12)计算外加磁场强度H。

(2) 由各样品的实验数据,根据式(12)、式(9)和式(6)计算三个样品的摩尔磁化率χ_M、永久磁矩μ_m和未配对电子数n。

(3) 根据未配对电子数讨论配合物中心离子的最外层电子结构和配键类型。

【思考题】

1. 本实验在测定χ_M时作了哪些近似处理?

2. 为什么可用莫尔盐来标定磁场强度?

3. 在不同的磁场强度下,测得的样品的摩尔磁化率是否相同,为什么?

4. 样品的填充高度和密度以及在磁场中的位置有何要求?如果样品填充高度不够,对测量结果有何影响?

4.6 研究性综合实验部分

实验 27 难溶盐溶度积的测定

【目的要求】

1. 掌握用电动势法、电导率法测定难溶盐溶度积的原理和方法。

2. 加深对电池电动势和电导率测定应用的了解。

【实验原理】

1. 电动势法测定 AgCl 的溶度积

在难溶电解质的饱和溶液中存在多相离子平衡,其中溶液中离子浓度幂的乘积为一常数,称为溶度积。例如,在 AgCl 的饱和溶液中,其溶度积为 $K_{sp}=c(Ag^+)\cdot c(Cl^-)$。

若已知难溶电解质饱和溶液中相应的离子浓度,就可以计算出溶度积。电池中电极电势与离子浓度的关系可以用能斯特方程表示,因此溶液中离子浓度可以通过其相应电极的电极电势或电池的电动势的测定来确定。

将难溶盐电解质饱和溶液组成相应的电池,待难溶盐电解质溶解与电极反应都达到平衡后,测定电池的电动势,就可以计算溶度积。比如要计算 AgCl 的溶度积,可设计如下原电池:

$$Ag(s)|AgNO_3(c_1)\|KCl(c_2)|AgCl(s)|Ag(s)$$

负极反应: $Ag \longrightarrow Ag^+ + e^-$
正极反应: $AgCl + e^- \longrightarrow Ag + Cl^-$
总的电池反应为: $AgCl(s) \rightleftharpoons Ag^+ + Cl^-$

根据能斯特方程

$$E = E^\ominus - \frac{RT}{F}\ln[c(Ag^+)\cdot c(Cl^-)] \tag{1}$$

因为 $\Delta_r G_m^\ominus = -zFE^\ominus = -RT\ln K_{sp}$ \tag{2}

$$E^\ominus = \frac{RT}{zF}\ln K_{sp} \tag{3}$$

将式(3) 代入式(1) 得:

$$\ln K_{sp} = \frac{zEF}{RT} + \ln[c(Ag^+)\cdot c(Cl^-)] \tag{4}$$

测得电池电动势 E,即可求 K_{sp}。

2. 电导率法测定 $PbSO_4$ 的溶度积

利用电导率法能方便地测出难溶盐的溶解度,进而得到其溶度积。$PbSO_4$ 的溶解平衡可表示为

$$PbSO_4(s) \rightleftharpoons Pb^{2+} + SO_4^{2-}$$
$$K_{sp} = c(Pb^{2+})\cdot c(SO_4^{2-})$$

难溶盐的电导率很低,所以水的电导率不能忽略,溶液的电导率为难溶盐与水的电导率之和,则 $\kappa_{PbSO_4} = \kappa_{sol} - \kappa_{H_2O}$,测定难溶盐和水的电导率就可以得到 κ_{PbSO_4}。

从摩尔电导率的定义 $\Lambda_{m,PbSO_4} = \dfrac{\kappa_{PbSO_4}}{c}$,得

$$c = \frac{\kappa_{PbSO_4}}{\Lambda_{m,PbSO_4}}$$

式中，c 是 $PbSO_4$ 的溶解度，$\Lambda_{m,PbSO_4}$ 是 $PbSO_4$ 饱和溶液的摩尔电导率，由于溶液很稀，可用 $\Lambda_{m,PbSO_4}^{\infty}$ 来代替，它的值可由离子的无限稀释摩尔电导率相加得到。

【仪器与试剂】

仪器：原电池测量装置 1 套、Pt 电极 2 支、银电极 2 支、电导率仪 1 台、恒温槽 1 套、电导电极 1 支、容量瓶（100mL）5 只、移液管（25mL）1 支。

试剂：KCl（0.1000 mol·kg^{-1}）、$AgNO_3$（0.1000 mol·kg^{-1}）、镀银溶液、稀 HNO_3 溶液（1∶3）、KNO_3（A.R.）、琼脂、$PbSO_4$（A.R.）。

【实验步骤】

1. 电动势法测定 AgCl 的溶度积

（1）将银电极进行电镀，制备新的银电极和 Ag-AgCl 电极。

（2）盐桥的制备。将琼脂∶KNO_3∶H_2O 以 1.5∶20∶50 的质量比加入锥形瓶中，水浴加热溶解后，用滴管吸取溶液加入干净的 U 形管中，管内不能有气泡，冷却后待用。

（3）测定以下电池的电动势：

$$Ag(s)|AgNO_3(c_1)\|KCl(c_2)|AgCl(s)|Ag(s)$$

2. 电导率法测定 $PbSO_4$ 的溶度积

（1）恒温槽恒温至 25℃。

（2）预热电导率仪并进行调整。打开电导率仪电源开关后，预热 15min。

（3）称取约 1g $PbSO_4$，加入约 80mL 电导水，煮沸 3~5min，静置片刻后倾去上层清液。再加水煮沸，再倾去清液，连续进行 5 次。第 4 次和第 5 次的清液放入恒温槽中恒温 5~10min，分别测定其电导率，若两次测得的电导率相等，则表明 $PbSO_4$ 杂质已清除干净，清液即为饱和 $PbSO_4$ 溶液。重复测量三次，计算溶液电导率 κ_{sol}。

（4）将适量蒸馏水置于试管，恒温 5min 后，重复测量三次，计算水的电导率 κ_{H_2O}。

【注意事项】

1. Ag-AgCl 电极制作完后要避光保存，若表面的 AgCl 层脱落，须重新电镀后再使用。测定电池的电动势时注意正、负极不能接错。

2. 测定电导率时，实验用水应为重蒸馏水，以免受到水中 Cl^- 的影响。

【数据记录及处理】

1. 数据记录

（1）电动势法测定 AgCl 的溶度积

室温：_____℃；标准电池电动势：_____V。

待测原电池	测定值 E/V			平均值 E/V
	1	2	3	

(2) 电导率法测定 $PbSO_4$ 的溶度积

电极常数：_____；实验温度：_____ ℃。

项目	次数	$\kappa/(S \cdot m^{-1})$	平均值
$PbSO_4$ 溶液	1		
	2		
	3		
H_2O	1		
	2		
	3		

2. 数据处理

(1) 根据原电池的测定结果，计算 AgCl 的溶度积。

(2) 根据电导率仪的测定结果，计算 $PbSO_4$ 的溶度积。

【思考题】

1. 测电动势时为什么要用盐桥？选择盐桥液应该注意什么问题？
2. 有哪些因素影响溶度积的测定结果？

实验 28 分光光度法测定蔗糖酶的米氏常数

【目的要求】

1. 掌握用分光光度法测定蔗糖酶的米氏常数 K_M 和最大反应速率 v_{max}。
2. 了酶催化反应动力学。

【实验原理】

酶催化反应中，酶仅能影响化学反应的速度，而不改变反应平衡点，而且催化效率比一般的催化剂要高 $10^7 \sim 10^{10}$ 倍，且具有高选择性和专一性，一种酶只能作用某一种或某一类特定的物质。

米切利斯和门坦提出了酶催化反应的动力学机理，该机理假设反应分两步进行：

$$S + E \underset{k_{-1}}{\overset{k_1}{\rightleftharpoons}} ES \overset{k_2}{\longrightarrow} P + E \tag{1}$$

反应物 S（也称底物）和酶 E 先生成中间配合物 ES，该步反应迅速达到平衡，k_1 和 k_{-1} 为正、逆反应平衡常数。然后中间配合物 ES 分解为产物 P 和再生出酶 E，该反应很慢，为反应的速率控制步骤，k_2 为该步反应的速率常数。

运用稳态近似法对 ES 进行处理

$$\frac{d[ES]}{dt} = k_1[S][E] - k_{-1}[ES] - k_2[ES] = 0 \tag{2}$$

$$[ES] = \frac{k_1[S][E]}{k_{-1} + k_2} = \frac{[S][E]}{K_M} \tag{3}$$

式中，$K_M = \dfrac{k_{-1} + k_2}{k_1}$，称为米氏常数，式(3)称为米氏公式。

用产物的生成速率表示酶催化反应的速率：

$$r = \frac{d[P]}{dt} = k_2[ES] = \frac{k_2}{K_M}[E][S] \tag{4}$$

式中，[E]是酶催化反应中游离酶的浓度。实际上，游离酶的浓度很难准确测定，而往往能够确定的是酶的起始浓度$[E]_0$。酶的总浓度是游离酶和中间配合物的浓度之和：

$$[E]_0 = [E] + [ES] \tag{5}$$

将式(3)和式(5)代入式(4)，反应速率可表示为

$$r = \frac{k_2[S][E]_0}{K_M + [S]} \tag{6}$$

当反应物浓度很小，即$[S] \ll K_M$时，$r = \dfrac{k_2[S][E]_0}{K_M}$，反应对[S]表现为一级反应。当反应物浓度较大时，即$[S] \gg K_M$时，$r = k_2[E]_0$，反应对[S]表现为零级反应。

对上式取倒数，

$$\frac{1}{r} = \frac{1}{k_2[E]_0} + \frac{K_M}{k_2[E]_0} \times \frac{1}{[S]} \tag{7}$$

以$\dfrac{1}{r}$对$\dfrac{1}{[S]}$作图，可得到一条直线，所得直线的斜率是$\dfrac{K_M}{k_2[E]_0}$，截距为$\dfrac{1}{k_2[E]_0}$，就可求得k_2和K_M。

本实验用的蔗糖酶是一种水解酶，它能使蔗糖水解成葡萄糖和果糖。该反应的速率可以用单位时间内葡萄糖浓度的增加来表示，葡萄糖与3,5-二硝基水杨酸共热后被还原成棕红色的氨基化合物，在一定浓度范围内，葡萄糖的量和棕红色物质颜色深浅程度成一定比例关系，因此可以用分光光度计来测定反应在单位时间内生成葡萄糖的量，从而计算出反应速率。

【仪器与试剂】

仪器：高速离心机1台、分光光度计1台、恒温水浴1套、容量瓶（50mL）9个、比色管（25mL）9支、移液管（1mL）10支、移液管（2mL）4支、试管（10mL）10支。

试剂：3,5-二硝基水杨酸试剂（即DNS）、$0.1\text{mol} \cdot \text{L}^{-1}$醋酸缓冲溶液、醋酸钠（A.R.）、蔗糖酶溶液、蔗糖（A.R.）、葡萄糖（A.R.）、氢氧化钠（$2\text{mol} \cdot \text{L}^{-1}$）、甲苯。

【实验步骤】

1. 蔗糖酶的制取

取鲜酵母10g于研钵中，加入0.8g醋酸钠，反复研磨30min后转移至50mL的锥形瓶中，加入1.5mL甲苯，用软木塞将瓶口塞住，摇动10min，放入37℃的恒温箱中保温24h。取出后加入1.6mL $4\text{mol} \cdot \text{L}^{-1}$醋酸和50mL水，使pH为4.5左右。将混合物放入转速为每分钟3000转的离心机离心30min，离心后混合物形成三层，取中层黄色液体，再离心30min，所得澄清的黄色液体就是粗制酶液。此酶液用pH=4.6的缓冲溶液稀释10倍，过滤后冷冻保存。

2. 葡萄糖标准曲线的制作

在9个50mL的容量瓶中，加入不同量0.1%葡萄糖标准溶液及蒸馏水，得到一系列不

同浓度的葡萄糖溶液（表1）。分别吸取不同浓度的葡萄糖溶液1.0mL注入9支试管内，另取一支试管加入1.0mL蒸馏水，然后在每支试管中加入1.5mL DNS试剂，混合均匀，在沸水浴中加热5min后，取出以冷水冷却，每支注入蒸馏水2.5mL，摇匀。在分光光度计上于540nm波长测定其吸光度。由测定结果作出标准曲线。

表1　不同浓度葡萄糖溶液的配制

序号	$V_{0.1\%葡萄糖标准溶液}$/mL	V_{H_2O}/mL	葡萄糖最终浓度/($\mu g \cdot mL^{-1}$)
1	5.0	45.0	100
2	10.0	40.0	200
3	15.0	35.0	300
4	20.0	30.0	400
5	25.0	25.0	500
6	30.0	20.0	600
7	35.0	15.0	700
8	40.0	10.0	800
9	45.0	5.0	900

3. 蔗糖酶米氏常数 K_M 的测定。

按表2数据在9支试管中分别加入 $0.1mol \cdot L^{-1}$ 蔗糖液和醋酸缓冲溶液，总体积为2mL，于35℃水浴中预热，另取预先制备的酶液在35℃水浴中保温10min，依次向试管中加入酶液各2.0mL，准确作用5min后，按次序加入0.5mL $2mol \cdot L^{-1}$ 的NaOH溶液，摇匀，令酶反应停止，测定时，从每支试管中吸取0.5mL酶反应液加入装有1.5mL DNS试剂的25mL比色管中，加入蒸馏水，在沸水中加热5min后冷却，用蒸馏水稀释至刻度，摇匀，于540nm波长处测定其吸光度。

表2　反应物溶液的配制

序号	1	2	3	4	5	6	7	8	9
$V_{蔗糖标准溶液}$/mL	0	0.2	0.25	0.30	0.35	0.40	0.50	0.60	0.80
$V_{缓冲液}$/mL	2.0	1.8	1.75	1.70	1.65	1.60	1.50	1.40	1.20

【数据记录及处理】

1. 数据记录

序号	1	2	3	4	5	6	7	8	9
吸光度 A									

2. 数据处理

由各反应液测得的吸光度值，在葡萄糖标准曲线上查出对应的葡萄糖浓度，结合反应时间计算其反应速率 r，以 $\frac{1}{r}$ 对 $\frac{1}{[S]}$ 作图，通过所得直线的斜率和截距就可求得 k_2 和 K_M。

【思考题】

1. 实验中所用的蔗糖溶液为什么要用醋酸缓冲溶液配制？

2. 蔗糖溶液或酶溶液的浓度过高或过低对实验测定有什么影响？
3. 试讨论本实验对米氏常数的测定结果与底物浓度、反应温度和酸度的关系。

实验 29 纳米氧化铁的制备及理化性能研究

【目的要求】
1. 了解纳米粒子的相关知识。
2. 学习均匀沉淀法制作颗粒均匀、形状统一的氧化铁纳米粒子的技术。
3. 探讨氧化铁纳米粒子的理化性能。

【实验原理】

纳米粒子是由数目极少的原子或分子组成的原子群或分子群。它的尺寸大于原子簇而小于通常的颗粒，一般在 1~100nm 之间，并且微粒具有壳层结构。由于微粒的表面层占很大的比重，所以纳米材料实际上是由晶粒中原子的长程有序排列和无序界面成分组成。纳米材料具有大量的界面，晶面原子达 15%~50%。这些特殊的结构使得纳米材料派生出传统固体不具备的许多特殊性质。

纳米氧化铁由于其独特的性质和用途备受瞩目。它可以作为磁性材料应用于高密度磁记录，同时它还是传感器材料，具有较强的敏感性能，而且不需要掺杂贵金属；另外，它在医学上还可用于"靶向给药"，在诸如催化材料、功能陶瓷、光气敏材料、透明颗粒磁性材料等诸多领域有着广泛和潜在的应用。

本实验采用均匀沉淀法制作颗粒均匀、形状统一的纺锤形 α-Fe_2O_3 粉，并探讨其理化性能。向一定浓度的 $Fe(NO_3)_3$ 溶液中加入尿素，尿素是沉淀剂，但它与通常所用的沉淀剂不同，通常沉淀剂加入溶液中，不能与溶液充分混合，沉淀剂局部浓度过高，导致溶液中某些部分过饱和度过大，使得溶液中均相成核和非均相成核同时进行，这样就会使产生的粒子大小不均匀。而加入尿素并不能直接使溶液产生沉淀，它的水溶液在 70°C 左右开始发生水解反应，生成 OH^-：

$$(NH_2)_2CO + 3H_2O \longrightarrow 2NH_4^+ + 2OH^- + CO_2 \uparrow$$

而水合铁离子与 OH^- 发生下列反应：

$$[Fe(H_2O)_6]^{3+} + 3OH^- \longrightarrow Fe(OH)_3 \downarrow + 6H_2O$$

此时尿素受热缓慢水解，释放出 OH^- 的反应是整个溶液的反应的控制步骤，OH^- 均匀分布在溶液的各个部分，与三价铁离子充分混合，避免了溶液中浓度不均匀的现象，使过饱和度控制在适当范围内，从而控制粒子的生长速度，获得凝聚少、纯度高、粒度均匀的超微粉。

溶液中加入少量结晶助剂 NaH_2PO_4，它的作用是改变粒子的形状。根据 PBC（Periodic Bond Chain）模型，晶体生长最快的方向是晶体结构中化学键最强的方向，$H_2PO_4^-$ 一开始被选择性吸附（包括配合作用）在 Fe_2O_3 晶粒的某一键轴的晶面上，使晶粒只能沿着轴向方向生长，这样就改变了晶面的相对生长率，使得晶体越来越长，最后形成了纺锤形粒子。随着反应的进行，当溶液的 pH 值下降时，$H_2PO_4^-$ 又会从 Fe_2O_3 晶核表面解吸下来。

通过测量纳米粒子的 Zeta 电势，来确定它的等电点。

【仪器与试剂】

仪器：恒温磁力搅拌器、离心机、X射线衍射分析仪、透射电子显微镜、超声波发生器、Zeta电位分析仪、电热真空干燥箱。

试剂：$Fe(NO_3)_3 \cdot 9H_2O$(A.R.)、$NaH_2PO_4 \cdot 2H_2O$(A.R.)、$(NH_2)_2CO$(A.R.)、$KCl(10^{-4} mol \cdot L^{-1})$、$HNO_3(1mol \cdot L^{-1})$、$NH_3 \cdot H_2O(1mol \cdot L^{-1})$、二次蒸馏水。

【实验步骤】

1. 实验中所用的一切玻璃器皿均经严格的清洗，先用铬酸洗液浸泡数小时，用水冲洗后，再用10%的HNO_3溶液浸泡24h，然后依次用自来水、去离子水、二次蒸馏水各冲洗三遍以上。所用试剂均为A.R.级，实验用水均为二次水。

2. 配制$Fe(NO_3)_3$、$(NH_2)_2CO$及NaH_2PO_4的混合溶液500mL，混合溶液中，$Fe(NO_3)_3$浓度为$0.20mol \cdot L^{-1}$，$(NH_2)_2CO$浓度为$0.10mol \cdot L^{-1}$，NaH_2PO_4浓度为$0.0015mol \cdot L^{-1}$，将溶液经孔径为$0.22\mu m$的微孔滤膜过滤，以去除溶液中固体杂质粒子。

3. 将混合溶液在恒温磁力搅拌器上用白蜡油进行油浴加热，恒温117℃，陈化12h后，用冰水冷却，中止反应，将陈化液用离心机离心分离，再依次用HNO_3、$NH_3 \cdot H_2O$、二次蒸馏水反复洗涤，然后再离心分离，然后将所得粒子放入电热真空干燥箱中干燥（不升温），得产品。

4. 将少量产品用X射线衍射分析仪测定衍射图，用透射电子显微镜拍摄粒子形貌。再取适量产品用去离子水洗涤至电导率大致不变，再超声分散在$10^{-4} mol \cdot L^{-1}$的KCl溶液中，配制成均匀分散悬浮液，用盐酸、氢氧化钠溶液调节pH值，使pH=3,4,5,…,10，分别测定其Zeta(ζ)电位。

测量样品的Zeta电位时，先用内标调节微电极比色皿放置的位置，使光能照射在电极中央，再分别用去离子水、样品的悬浮液冲洗比色皿各三次，然后注入0.5mL悬浮液于比色皿中，轻轻放入微电极，进行测定。每个样品测两次，取其平均值。

【结果与讨论】

1. 将样品压片，反复调试角度，在X射线衍射分析仪上进行物相分析，工作条件为$I=25mA$，$V=40kV$，$CuK\alpha$射线，得XRD谱图，与三方晶系α-Fe_2O_3的JCPDS卡对照，观察是否符合。

2. 用透射电子显微镜拍出的粒子形貌，观察粒子是否均匀，是否是纺锤形。

3. 改变$Fe(NO_3)_3$和NaH_2PO_4的浓度，计算各种条件下的产率，观察形貌，优化实验条件。

4. 作ζ-pH值图，求出等电点。

实验30 TiO_2纳米粒子的制备及光催化性能研究

【目的要求】

1. 了解纳米材料的应用和发展。
2. 学习凝胶网格法制作纳米氧化钛的技术。

3. 探讨氧化钛纳米粒子的光催化性能。

【实验原理】

二氧化钛是一种光催化剂，其光催化活性很高，可以降解大部分有机污染物。作为一种重要的新型无机功能材料，它的制备及应用越来越受到人们的关注。

纳米 TiO_2 的制备方法很多，大多以钛酸盐为原料，成本较高；而水解、水热等方法工艺操作复杂，颗粒纯度低、粒度不易控制。而现今工业生产所追求的是通过原料廉价、工艺简单的制备方法，来获得高催化性能的纳米 TiO_2。

实验以 $TiCl_3$ 和氨水为原料，琼脂为分散介质，采用凝胶网格法制备锐钛矿型二氧化钛纳米粒子。凝胶的形态介于固体和液体之间，琼脂凝胶为柔性的线形大分子凝胶，属于弹性凝胶，分子之间以范德华力、氢键等形成网状结构。纳米粒子在此"网格"中形成，由于"网格"的固定结构和凝胶的阻力，在"网格"中"长大"的纳米粒子的粒径得到控制，产品粒度均匀。而且，粒子表面包覆的琼脂膜能阻止粒子团聚。

TiO_2 粒子的能带一般由低能价带和高能导带构成，价带和导带之间存在禁带。当能量大于禁带宽度的光照射 TiO_2 粒子表面时，会激发低能价带中的电子跃迁至高能导带，形成导带电子，同时在价带留下空穴。光生空穴具有极强的得电子能力，因此具有很强的氧化能力，将其表面吸附的 OH^- 和 H_2O 分子氧化成 $HO·$，$HO·$ 是一种活性很高的粒子，一般认为是光催化反应体系中的主要的氧化剂，能够无选择地氧化多种有机物，并最终降解为 CO_2 和 H_2O。

污染物的降解速度与电子-空穴对的浓度有关，而光生空穴很容易与电子复合，降低光催化效率。纳米级 TiO_2 与大粒径的普通 TiO_2 相比，粒径大大减小，表面原子迅速增加，光吸收效率提高，从而增加表面电子-空穴对的浓度，而且粒径越小，电子-空穴在粒子内的复合概率就越小。

同时，与大粒径的 TiO_2 相比，纳米粒子由于粒径很小，比表面积大大增加，活性更高，吸附污染物的能力更强，从而增大反应概率。而且由于粒径小，表面原子所占比例大，表面 $HO·$ 的数目也随之增加，从而提高反应效率。

TiO_2 是 n 型半导体材料，当其粒径小于 50nm 时，就会产生量子尺寸效应，即电子-空穴对被限制在一个小的势阱中，使导带和价带能级由连接变分离，导带能级向负移，价带能级向正移，能隙增大，提高光催化活性。

【仪器与试剂】

仪器：紫外-可见分光光度计、马弗炉、干燥箱、离心机、电子分析天平、精密恒温水浴锅、石英亚沸高纯水蒸馏器、高压汞灯、X 射线衍射分析仪。

试剂：三氯化钛（C.P.）、氨水（A.R.）、琼脂（生化试剂）、甲基橙（C.P.）。

【实验步骤】

1. 所用玻璃仪器先用水洗干净，然后放盐酸溶液中浸泡 24h，取出后再分别用蒸馏水、去离子水各洗涤三次。

2. 量取一定量的 $TiCl_3$ 溶液，用氨水调节其 pH 值在 7 到 8 之间，稀释至浓度为 $0.20mol·L^{-1}$。称取一定量的琼脂加入到二次蒸馏水中加热至 90℃，使其完全溶解，琼脂的浓度为 $3.0mol·L^{-1}$。恒温 90℃，低速搅拌下，将 $TiCl_3$ 溶液缓缓加入到琼脂溶液中，继续恒温搅拌 30min。

3. 再将此含钛的琼脂溶液注入培养皿中,铺成薄板状进行冷却,形成透明凝胶。将胶体切成小块,用新鲜的 $NH_3 \cdot H_2O$ 溶液浸泡 24h。取琼脂凝块在沸水中溶解,离心分离得到沉淀物。在马弗炉中 600℃ 灼烧 30min,得到氧化钛纳米粒子。保留残液,以后可重复利用。

4. 取不同量的纳米 TiO_2 加入到甲基橙溶液(表1)中,经过超声分散后,放置于汞灯下(汞灯光照距离为 8cm)连续光照一段时间,用紫外-可见分光光度计在其最大吸收波长 263nm 处测定各溶液的吸光度。

5. 改变甲基橙溶液浓度(表2),用步骤 4 相同步骤测定。

表1 TiO_2 加入量对甲基橙废水去除率的影响实验

催化剂量	$2g \cdot L^{-1}$	$4g \cdot L^{-1}$	$6g \cdot L^{-1}$	$8g \cdot L^{-1}$
甲基橙溶液浓度	$10mg \cdot L^{-1}$	$10mg \cdot L^{-1}$	$10mg \cdot L^{-1}$	$10mg \cdot L^{-1}$

表2 甲基橙溶液浓度对去除率的影响实验

TiO_2 投量/$(g \cdot L^{-1})$	6	6	6	6	6	6
甲基橙溶液浓度/$(mg \cdot L^{-1})$	2	4	6	8	10	20

【结果与讨论】

1. 首先对灼烧后的样品进行 XRD 分析,将样品压片,反复调试角度,在 X 射线衍射分析仪上进行物相分析,工作条件为管电流 $I=20mA$,管电压 $V=30kV$,CuKα 射线,扫描范围在 10°~70°,扫描速度为 $0.09° \cdot s^{-1}$,得 XRD 谱图,通过与 JCPDS 卡比较,判断产物是否为锐钛矿型二氧化钛。

2. 根据谢乐(Scherrer)公式计算出产品颗粒的平均直径。

$$D = K\lambda/(\beta_{1/2}\cos\theta)$$

式中,D 是粒径;K 是谢乐常数,取 0.89;λ 是入射 X 射线波长,Cu 靶,取 0.15418nm;$\beta_{1/2}$ 是 XRD 谱图中最强衍射峰的半高宽(计算时要转化为弧度);θ 是布拉格衍射角。

3. 改变三氯化钛和琼脂浓度,计算各种条件下的产率、粒径,优化实验条件。

4. 作去除率-TiO_2 加入量和去除率-甲基橙浓度图,讨论最佳降解条件。

5. 用纳米 TiO_2 进一步降解其他废水,如含苯酚、含甲醛的废水,选用太阳光照射条件。

附　录

附录 1　国际单位制 SI 的基本单位

量的名称	量的符号	单位名称	单位符号
长度	L	米	m
质量	m	千克(公斤)	kg
时间	t	秒	s
电流	I	安[培]	A
热力学温度	T	开[尔文]	K
物质的量	n	摩[尔]	mol
发光强度	I（或 I_v）	坎[德拉]	cd

附录 2　国际单位制的一些导出单位

量的名称	单位名称	单位符号	用 SI 单位和 SI 导出单位表示
频率	赫[兹]	Hz	s^{-1}
力	牛[顿]	N	$m \cdot kg \cdot s^{-2}$
压力	帕[斯卡]	Pa	$N \cdot m^{-2}$
能[量]、功、热	焦[耳]	J	$N \cdot m$
功率、辐[射能]通量	瓦[特]	W	$J \cdot s^{-1}$
电荷[量]	库[仑]	C	$A \cdot s$
电位、电压、电动势	伏[特]	V	$W \cdot A^{-1}$
电容	法[拉]	F	$C \cdot V^{-1}$
电阻	欧[姆]	Ω	$V \cdot A^{-1}$
电导	西[门子]	S	$A \cdot V^{-1}$
磁通[量]	韦[伯]	Wb	$V \cdot s$
磁通[量]密度，磁感应强度	特[斯拉]	T	$Wb \cdot m^{-2}$
电感	亨[利]	H	$Wb \cdot A^{-1}$
电场强度	伏[特]每米	$V \cdot m^{-1}$	$m \cdot kg \cdot s^{-3} \cdot A^{-1}$
黏度	帕[斯卡]秒	$Pa \cdot s$	$m^{-1} \cdot kg \cdot s^{-1}$
表面张力	牛[顿]每米	$N \cdot m^{-1}$	$kg \cdot s^{-2}$
密度	千克每立方米	$kg \cdot m^{-3}$	$kg \cdot m^{-3}$
热容量、熵	焦耳每开	$J \cdot K^{-1}$	$m^2 \cdot kg \cdot s^{-2} \cdot K^{-1}$
比热容	焦[耳]每千克每开	$J \cdot kg^{-1} \cdot K^{-1}$	$m^2 \cdot s^{-2} \cdot K^{-1}$
光通量	流[明]	lm	$cd \cdot sr$
[光]照度	勒[克斯]	lx	$m^{-2} \cdot cd \cdot sr = lm \cdot m^{-2}$
摄氏温度	摄氏度	℃	K
[放射性]活度	贝可[勒尔]	Bq	s^{-1}
吸收剂量	戈[瑞]	Gy	$m^2 \cdot s^{-2} = J \cdot kg^{-1}$
剂量当量	希[沃特]	Sv	$m^2 \cdot s^{-2} = J \cdot kg^{-1}$

附录3 物理化学常数

常数名称	符号	数值	单位
真空光速	c	2.99792458	$10^8 \text{m} \cdot \text{s}^{-1}$
基本电荷	e	1.60217733	10^{-19}C
普朗克常数	h	6.6260755	$10^{-34} \text{J} \cdot \text{s}$
阿伏伽德罗常数	L, N_A	6.0221367	10^{23}mol^{-1}
法拉第常数	F	96485.309	$\text{C} \cdot \text{mol}^{-1}$
摩尔气体常数	R	8.314510	$\text{J} \cdot \text{mol}^{-1} \cdot \text{K}^{-1}$
玻尔兹曼常数	k	1.380658	$10^{-23} \text{J} \cdot \text{K}^{-1}$
电子静质量	m_e	9.1093897	10^{-31}kg
质子静质量	m_p	1.6726231	10^{-27}kg
里德伯常数	R_∞	1.0973731534	10^7m^{-1}
真空介电常数	ε_0	8.854187817	$10^{-12} \text{F} \cdot \text{m}^{-1}$
牛顿引力常数	G	6.67259	$10^{-11} \text{m}^3 \cdot \text{kg}^{-1} \cdot \text{s}^{-2}$

附录4 不同温度下水的饱和蒸气压

$t/℃$	p/kPa	$t/℃$	p/kPa	$t/℃$	p/kPa	$t/℃$	p/kPa
0	0.61129	26	3.3629	52	13.626	78	43.665
1	0.65716	27	3.5670	53	14.303	79	45.487
2	0.70605	28	3.7818	54	15.012	80	47.373
3	0.75813	29	4.0078	55	15.752	81	49.324
4	0.81359	30	4.2455	56	16.522	82	51.342
5	0.87260	31	4.4953	57	17.324	83	53.428
6	0.93537	32	4.7578	58	18.159	84	55.585
7	1.0021	33	5.0335	59	19.028	85	57.815
8	1.0730	34	5.3229	60	19.932	86	60.119
9	1.1482	35	5.6267	61	20.873	87	62.499
10	1.2281	36	5.9453	62	21.851	88	64.958
11	1.3129	37	6.2795	63	22.868	89	67.496
12	1.4027	38	6.6298	64	23.925	90	70.117
13	1.4979	39	6.9969	65	25.022	91	72.823
14	1.5988	40	7.3814	66	26.163	92	75.614
15	1.7056	41	7.7840	67	27.347	93	78.494
16	1.8185	42	8.2054	68	28.576	94	81.465
17	1.9380	43	8.6463	69	29.852	95	84.529
18	2.0644	44	9.1075	70	31.176	96	87.688
19	2.1978	45	9.5898	71	32.549	97	90.945
20	2.3388	46	10.094	72	33.972	98	94.301
21	2.4877	47	10.620	73	35.488	99	97.759
22	2.6447	48	11.171	74	36.978	100	101.324
23	2.8104	49	11.745	75	38.563		
24	2.9850	50	12.344	76	40.205		
25	3.1690	51	12.970	77	41.905		

附录5 几种有机物质的蒸气压

物质的蒸气压 p（Pa）按下式计算：

$$\lg p = A - \frac{B}{C+t} + D$$

式中，A、B、C 为常数；t 为温度，℃；D 为压力单位换算因子，其值为 2.1249。

名称	分子式	适用温度范围/℃	A	B	C
四氯化碳	CCl_4		6.87926	1212.021	226.41
氯仿	$CHCl_3$	$-30 \sim 150$	6.90328	1163.03	227.4
甲醇	CH_4O	$-14 \sim 65$	7.89750	1474.08	229.13
1,2-二氯乙烷	$C_2H_4Cl_2$	$-31 \sim 99$	7.0253	1271.3	222.9
醋酸	$C_2H_4O_2$	$0 \sim 36$	7.80307	1651.2	225
		$36 \sim 170$	7.18807	1416.7	211
乙醇	C_2H_6O	$-2 \sim 100$	8.32109	1718.10	237.52
丙酮	C_3H_6O	$-30 \sim 150$	7.02447	1161.0	224
异丙醇	C_3H_8O	$0 \sim 101$	8.11778	1580.92	219.61
乙酸乙酯	$C_4H_8O_2$	$-20 \sim 150$	7.09808	1238.71	217.0
正丁醇	$C_4H_{10}O$	$15 \sim 131$	7.47680	1362.39	178.77
苯	C_6H_6	$-20 \sim 150$	6.90561	1211.033	220.790
环己烷	C_6H_{12}	$20 \sim 81$	6.84130	1201.53	222.65
甲苯	C_7H_8	$-20 \sim 150$	6.95464	1344.80	219.482
乙苯	C_8H_{10}	$-20 \sim 150$	6.95719	1424.251	213.206

附录6 不同温度下水的密度

t/℃	$10^{-3}\rho/(kg \cdot m^{-3})$	t/℃	$10^{-3}\rho/(kg \cdot m^{-3})$	t/℃	$10^{-3}\rho/(kg \cdot m^{-3})$
0	0.99987	20	0.99823	40	0.99224
1	0.99993	21	0.99802	41	0.99186
2	0.99997	22	0.99780	42	0.99147
3	0.99999	23	0.99756	43	0.99107
4	1.00000	24	0.99732	44	0.99066
5	0.99999	25	0.99707	45	0.99025
6	0.99997	26	0.99681	46	0.98982
7	0.99997	27	0.99654	47	0.98940
8	0.99988	28	0.99626	48	0.98896
9	0.99978	29	0.99597	49	0.98852
10	0.99973	30	0.99567	50	0.98807
11	0.99963	31	0.99537	51	0.98762
12	0.99952	32	0.99505	52	0.98715
13	0.99940	33	0.99473	53	0.98669
14	0.99927	34	0.99440	54	0.98621
15	0.99913	35	0.99406	55	0.98573
16	0.99897	36	0.99371	60	0.98324
17	0.99880	37	0.99336	65	0.98059
18	0.99862	38	0.99299	70	0.97781
19	0.99843	39	0.99262	75	0.97489

附录7 25℃时电极的标准电极电势

电极	电极反应	$E^{\ominus}/V$
$Ag^+\mid Ag$	$Ag^+ + e^- \rightleftharpoons Ag$	0.7991
$Cl^-\mid AgCl(s)\mid Ag$	$AgCl(s) + e^- \rightleftharpoons Ag + Cl^-$	0.2224
$I^-\mid AgI(s)\mid Ag$	$AgI(s) + e^- \rightleftharpoons Ag + I^-$	−0.151
$Br^-\mid AgBr(s)\mid Ag$	$AgBr(s) + e^- \rightleftharpoons Ag + Br^-$	0.0711
$Cl^-\mid Cl_2(g)\mid Pt$	$Cl_2(g) + 2e^- \rightleftharpoons 2Cl^-$	1.3595
$Cd^{2+}\mid Cd$	$Cd^{2+} + 2e^- \rightleftharpoons Cd$	−0.403
$Cu^{2+}\mid Cu$	$Cu^{2+} + 2e^- \rightleftharpoons Cu$	0.337
$Cu^+\mid Cu$	$Cu^+ + e^- \rightleftharpoons Cu$	0.521
$Li^+\mid Li$	$Li^+ + e^- \rightleftharpoons Li$	−3.045
$Na^+\mid Na$	$Na^+ + e^- \rightleftharpoons Na$	−2.714
$Fe^{2+}\mid Fe$	$Fe^{2+} + 2e^- \rightleftharpoons Fe$	−0.440
$Mg^{2+}\mid Mg$	$Mg^{2+} + 2e^- \rightleftharpoons Mg$	−2.37
$Zn^{2+}\mid Zn$	$Zn^{2+} + 2e^- \rightleftharpoons Zn$	−0.7628
$Pb^{2+}\mid Pb$	$Pb^{2+} + 2e^- \rightleftharpoons Pb$	−0.126
$OH^-, H_2O\mid O_2(g)\mid Pt$	$2H_2O + O_2 + 4e^- \rightleftharpoons 4OH^-$	0.401
$H^+\mid H_2(g)\mid Pt$	$2H^+ + 2e^- \rightleftharpoons H_2(g)$	0.000
$OH^-, H_2O\mid H_2(g)\mid Pt$	$2H_2O + 2e^- \rightleftharpoons H_2(g) + 2OH^-$	−0.8281
$H^+, H_2O\mid O_2(g)\mid Pt$	$O_2 + 4H^+ + 4e^- \rightleftharpoons 2H_2O$	1.229
$Hg^{2+}\mid Hg$	$Hg^{2+} + 2e^- \rightleftharpoons Hg$	0.851
$Hg_2^{2+}\mid Hg$	$Hg_2^{2+} + 2e^- \rightleftharpoons 2Hg$	0.7959
$SO_4^{2-}\mid PbSO_4(s)\mid Pb$	$PbSO_4(s) + 2e^- \rightleftharpoons Pb + SO_4^{2-}$	−0.356
$Cr^{3+}, Cr^{2+}\mid Pt$	$Cr^{3+} + e^- \rightleftharpoons Cr^{2+}$	−0.41
$Sn^{4+}, Sn^{2+}\mid Pt$	$Sn^{4+} + 2e^- \rightleftharpoons Sn^{2+}$	0.15
$Fe^{3+}, Fe^{2+}\mid Pt$	$Fe^{3+} + e^- \rightleftharpoons Fe^{2+}$	0.770
H^+, 醌, 氢醌 $\mid Pt$	$C_6H_4O_2 + 2H^+ + 2e^- \rightleftharpoons C_6H_4(OH)_2$	0.6993
$Co^{3+}, Co^{2+}\mid Pt$	$Co^{3+} + e^- \rightleftharpoons Co^{2+}$	1.808

附录8 水在不同温度下的折射率、黏度和相对介电常数

$t/℃$	n_D	$10^3\eta/(kg\cdot m^{-1}\cdot s^{-1})$	ε_r
0	1.33395	1.7702	87.74
5	1.33388	1.5108	85.76
10	1.33369	1.3039	83.83
15	1.33339	1.1374	81.95
20	1.33300	1.0019	80.10
21	1.33290	0.9764	79.73
22	1.33280	0.9532	79.38
23	1.33271	0.9310	79.02
24	1.33261	0.9100	78.65
25	1.33250	0.8903	78.30
26	1.33240	0.8703	77.94
27	1.33229	0.8512	77.60
28	1.33217	0.8328	77.24
29	1.33206	0.8145	76.90

续表

$t/℃$	n_D	$10^3\eta/(\text{kg}\cdot\text{m}^{-1}\cdot\text{s}^{-1})$	ε_r
30	1.33194	0.7973	76.55
35	1.33131	0.7190	74.83
40	1.33061	0.6526	73.15
45	1.32985	0.5972	71.51
50	1.32904	0.5468	69.91
55	1.32817	0.5042	68.35
60	1.32725	0.4669	66.82
65		0.4341	65.32
70		0.4050	63.86
75		0.3792	62.43
80		0.3560	61.03
85		0.3352	59.66
90		0.3165	58.32
95		0.2995	57.01
100		0.2840	55.72

附录 9 液体的折射率

名称	$t/℃$		名称	$t/℃$	
	15	20		15	20
环己烷	1.42900		氯仿	1.44858	1.44550
丙酮	1.38175	1.3588	四氯化碳	1.46305	1.49044
丁酮		1.3791	甲苯	1.4998	1.4968
乙醇	1.36330	1.36143	苯	1.50439	1.50110
醋酸	1.3776	1.3717	硝基苯	1.5547	1.5524
乙酸乙酯		1.3723	氯苯	1.52748	1.52460
正丁醇		1.39909	氯仿	1.44858	1.44550

附录 10 不同温度下水的表面张力 γ

$t/℃$	$\gamma/(10^{-3}\text{N}\cdot\text{m}^{-1})$	$t/℃$	$\gamma/(10^{-3}\text{N}\cdot\text{m}^{-1})$	$t/℃$	$\gamma/(10^{-3}\text{N}\cdot\text{m}^{-1})$	$t/℃$	$\gamma/(10^{-3}\text{N}\cdot\text{m}^{-1})$
0	75.64	17	73.19	26	71.82	60	66.18
5	74.92	18	73.05	27	71.66	70	64.42
10	74.22	19	72.90	28	71.50	80	62.61
11	74.07	20	72.75	29	71.35	90	60.75
12	73.93	21	72.59	30	71.18	100	58.85
13	73.78	22	72.44	35	70.38	110	56.89
14	73.64	23	72.28	40	69.56	120	54.89
15	73.59	24	72.13	45	68.74	130	52.84
16	73.34	25	71.97	50	67.91		

附录 11 有机化合物的标准摩尔燃烧焓（25℃）

名称	$-\Delta_c H_m^\ominus/(kJ \cdot mol^{-1})$	名称	$-\Delta_c H_m^\ominus/(kJ \cdot mol^{-1})$
甲醇 CH_3OH (l)	726.51	甲醛 $HCHO$(g)	570.78
乙醇 C_2H_5OH (l)	1366.8	乙醛 CH_3CHO (l)	1166.4
丙醇 C_3H_7OH (l)	2019.8	丙醛 C_2H_5CHO (l)	1816.0
正丁醇 C_4H_9OH (l)	2675.8	丙酮 $(CH_3)_2CO$ (l)	1790.4
甲烷 CH_4(g)	890.31	乙酸 CH_3COOH (l)	874.54
乙烷 C_2H_6(g)	1559.8	甲酸甲酯 $HCOOCH_3$ (l)	979.5
丙烷 C_3H_8(g)	2219.9	苯酚 C_6H_5OH (s)	3053.5
正戊烷 C_5H_{12}(g)	3536.1	苯甲醛 C_6H_5CHO(l)	3226.9
正己烷 C_6H_{14}(l)	4163.1	邻苯二甲酸 $C_6H_4(COOH)_2$(s)	3223.5
乙烯 C_2H_4(g)	1411.0	苯甲酸甲酯 $C_6H_5COOCH_3$(s)	3958.0
乙炔 C_2H_2(g)	1299.6	苯 C_6H_6 (l)	3267.5
环丙烷 C_3H_6(g)	2091.5	苯甲酸 C_6H_5COOH (s)	3226.9
环丁烷 C_4H_8(l)	2720.5	萘 $C_{10}H_8$(s)	5153.8
环戊烷 C_5H_{10}(l)	3290.9	尿素 NH_2CONH_2(s)	631.7
环己烷 C_6H_{12}(l)	3919.9	蔗糖 $C_{12}H_{22}O_{11}$(s)	5640.9

附录 12 几种溶剂的凝固点降低常数

溶剂	纯溶剂的凝固点 t_f/℃	$K_f/(℃ \cdot kJ \cdot mol^{-1})$
水	0	1.853
醋酸	16.66	3.90
苯	5.533	5.12
对二氧六环	11.7	4.71
环己烷	6.54	20.0
四氯化碳	−22.95	29.8
萘	80.29	6.94
1,4-二溴代苯	87.3	12.5

附录 13 不同浓度、不同温度下 KCl 溶液的电导率 κ

单位：$10^2/(S \cdot m^{-1})$

t/℃	$c/(mol \cdot L^{-1})$			
	1.000	0.1000	0.0200	0.0100
0	0.06541	0.00715	0.001521	0.000776
5	0.07414	0.00822	0.001752	0.000896
10	0.08319	0.00933	0.001994	0.001020
15	0.09252	0.01048	0.002243	0.001147
20	0.10207	0.01167	0.002501	0.001278
25	0.11180	0.01288	0.002765	0.001413
26	0.11377	0.01313	0.002819	0.001441
27	0.11574	0.01337	0.002873	0.001468

续表

$t/℃$	$c/(mol \cdot L^{-1})$			
	1.000	0.1000	0.0200	0.0100
28		0.01362	0.002927	0.001496
29		0.01387	0.002981	0.001524
30		0.01412	0.003036	0.001552
35		0.01539	0.003312	

附录 14　无限稀释离子的摩尔电导率

离子	$10^4 \Lambda_m^\infty/(S \cdot m^2 \cdot mol^{-1})$			
	0℃	18℃	25℃	50℃
H^+	225	315	349.8	464
K^+	40.7	63.9	73.5	114
Na^+	26.5	42.8	50.1	82
NH_4^+	40.2	63.9	74.5	115
Ag^+	33.1	53.5	61.9	101
$1/2Ba^{2+}$	34.0	54.6	63.6	104
$1/2Ca^{2+}$	31.2	50.7	59.8	96.2
$1/2Pb^{2+}$	37.5	60.5	69.5	
OH^-	105	171	198.3	284
Cl^-	41.0	66.0	76.3	116
NO_3^-	40.0	62.3	71.5	104
CH_3COO^-	20.0	32.5	40.9	67
$1/2SO_4^{2-}$	41	68.4	80.0	125
$1/4[Fe(CN)_6]^{4-}$	58	95	110.5	173

参考文献

[1] 复旦大学，等．蔡显鄂，项一非，刘衍光修订．物理化学实验．第2版．北京：高等教育出版社，2004.
[2] 吴俊方，吴玉芹．基础化学实验．南京：东南大学出版社，2016.
[3] 邱金恒，孙尔康，吴强．物理化学实验．北京：高等教育出版社，2010.
[4] 苏育志．基础化学实验（Ⅲ）-物理化学实验．北京：化学工业出版社，2010.
[5] 顾文秀，高海燕．物理化学实验．北京：化学工业出版社，2019.
[6] 韦波，李玉红．基础化学实验．南京：南京大学出版社，2014.
[7] 朱万春，张国艳，李克昌，等．基础化学实验．北京：高等教育出版社，2017.
[8] 杨道武，曾巨澜．基础化学实验（下）．武汉：华中科技大学出版社，2009.
[9] 祖莉莉，胡劲波．化学测量实验．北京：北京师范大学出版社，2010.
[10] 付煜荣，百丽丽．化学综合实验．北京：科学出版社，2016.
[11] 柯以侃，王桂花．大学化学实验．北京：化学工业出版社．2010.
[12] 周昕，罗虹，刘文娟．大学化学实验．北京：科学出版社，2019.
[13] 王秋长，赵鸿喜，张守民，等．基础化学实验．北京：科学出版社，2007.
[14] 李国强．基础化学实验．南京：南京大学出版社，2012.
[15] 古凤才．基础化学实验教程．第3版．北京：科学出版社，2010.